南方
稻麦田杂草
原色图谱

许燎原　陈少杰　王笑◎主编

中国农业出版社
北　京

编 委 会

前言

　　杂草是农田生态系统中影响农作物生产的重要因子之一，它与农作物争夺养分、水、光和生存空间等资源，对农作物产量造成较大损失，危害严重的甚至造成作物绝收。

　　针对宁波市粮食生产和草害发生实际，2007年在宁波市科技部门"粮食生产功能区稻、麦田杂草综合防治技术研究和示范"项目的支持下，编者对宁波市稻、麦田杂草的发生规律及防控技术开展研究，并于2015年完成项目实施并通过验收，同年该项目荣获浙江省农业厅"农业丰收奖"。项目完成后，编者联合原项目组成员，对项目实施过程中采集到的大量杂草图片进行整理，还针对一些种类的照片进行了补拍，杂草图库逐步得以完善；之后又根据项目调查研究结果，对杂草的文字描述进行规范总结、提炼，最终形成了完整的书稿。本书从整理到完成共历时2年有余。

　　《南方稻麦田杂草原色图谱》一书共收集了稻、麦田主要杂草32科103种，共收录了381幅实地拍摄的高清数码图片。其中大部分图片采集于宁波地区，部分采集于浙江省绍兴市、嘉兴市，上海市浦东新区，江苏省苏州市、南通市等地。本书文字内容包括杂草名称、形态特征、识

1

别要点、习性与危害等。

本书在编写过程中，参考、引用了相关资料，图片拍摄和文字编写也得到了项目组及相关专业人士的大力支持，在此谨向他们表示衷心的感谢。由于编写时间和水平有限，书中疏漏与不妥之处在所难免，敬请广大读者批评指正。

编　者

2024年4月15日

目录

前言

一、禾本科 1

1.稗 *Echinochloa crusgalli* (L.) Beauv. ················ 1

2.狗牙根 *Cynodon dactylon* (L.) Pers. ················ 2

3.鹅观草 *Roegneria kamoji* Ohwi ················ 4

4.雀麦 *Bromus japonicus* Thunb. ················ 5

5.双穗雀稗 *Paspalum distichum* L. ················ 7

6.杂草稻 *Oryza sativa* f.*spontanea* Roschev. ········· 8

7.千金子 *Leptochloa chinensis* (L.) Nees. ·········· 10

8.马唐 *Digitaria sanguinalis* (L.) Scop. ·········· 11

9.牛筋草 *Eleusine indica* (L.) Gaertn. ·········· 13

10 狗尾草 *Setaria viridis* (L.) Beauv. ·········· 14

11.棒头草 *Polypogon fugax* Nees ex Steud. ·········· 15

12.李氏禾 *Leersia hexandra* Swartz. ·········· 17

13.茵草 *Beckmannia syzigachne* (Steud.) Fern ········· 18

14.早熟禾 *Poa annua* L. ·········· 19

15.看麦娘 *Alopecurus aequalis* Sobol. ·········· 20

16.日本看麦娘 *Alopecurus japonicus* Steud. ········· 22

17.野燕麦 *Avena fatua* L. ·········· 23

18.画眉草 *Eragrostis pilosa* (Linn.) Beauv. ··········24

二、石竹科　　26

19.繁缕 *Stellaria media* (L.) Cyr. ··········26
20.牛繁缕 *Malachium aquaticum* (L.) Moench ·······27
21.球序卷耳 *Cerastium glomeratum* Thuill. ··········29
22.雀舌草 *Stellaria alsine* Grimm. ··········30

三、菊科　　32

23.一年蓬 *Erigeron annuus* (L.) Pers. ··········32
24.野艾蒿 *Artemisia lavandulaefolia* DC. ··········33
25.野塘蒿 *Conyza bonariensis* (L.) Cronq. ··········35
26.刺儿菜 *Cirsium arvense* var. *integrifolium* ··········37
27.苍耳 *Xanthium strumarium* ··········38
28.鳢肠 *Eclipta prostrata* L. ··········39
29.小蓬草 *Erigeron canadensis* L.Cronq. ··········41
30.泥胡菜 *Hemisteptia lyrata* Bunge ··········42
31.蒲公英 *Taraxacum mongolicum* Hand.-Mazz. ······44
32.稻槎菜 *Lapsanastrum apogonoides* (Maxim.)
　　Pak & K. Bremer ··········45
33.鼠曲草 *Pseudognaphalium affine* D.Don ··········46
34.花叶滇苦菜 *Sonchus asper* (L.) Hill ··········48
35.苦苣菜 *Sonchus oleraceus* L. ··········50
36.中华苦荬菜 *Ixeris chinensis* (Thunb.) Nakai ···51
37.黄鹌菜 *Youngia japonica* (L.) DC. ··········52

四、唇形科　　54

38.荔枝草 *Salvia plebeia* R. Br. ··········54

39.宝盖草 *Lamium amplexicaule* L. ⋯⋯⋯⋯⋯ 55

五、大戟科　　　　　　　58

40.泽漆 *Euphorbia helioscopia* L. ⋯⋯⋯⋯ 58
41.地锦草 *Euphorbia humifusa* Willd. ⋯⋯⋯ 59

六、蓼科　　　　　　　　61

42.齿果酸模 *Rumex dentatus* L. ⋯⋯⋯⋯⋯ 61
43.酸模叶蓼 *Persicaria lapathifolia* L. ⋯⋯⋯ 62
44.皱叶酸模 *Rumex crispus* L. ⋯⋯⋯⋯⋯ 64
45.杠板归 *Persicaria perfoliata* L. ⋯⋯⋯⋯ 65
46.红蓼 *Persicaria orientalis* Linn. ⋯⋯⋯⋯ 67

七、莎草科　　　　　　　69

47.异型莎草 *Cyperus difformis* L. ⋯⋯⋯⋯ 69
48.碎米莎草 *Cyperus iria* L. ⋯⋯⋯⋯⋯ 70
49.扁秆荆三棱 *Bolboschoenus planiculmis* F.
　　Schmidt ⋯⋯⋯⋯⋯⋯⋯⋯⋯⋯ 72
50.牛毛毡 *Eleocharis yokoscensis* (Franch.et Sav.)
　　Tang et Wang ⋯⋯⋯⋯⋯⋯⋯⋯ 73
51.日照飘拂草 *Fimbristylis miliacea* (L.) Vahl ⋯⋯ 74
52.香附子 *Cyperus rotundus* L. ⋯⋯⋯⋯⋯ 76

八、十字花科　　　　　　78

53.独行菜 *Lepidium apetalum* Willd ⋯⋯⋯⋯ 78
54.播娘蒿 *Descurainia sophia* (L.) Schur ⋯⋯⋯ 79
55.碎米荠 *Cardamine hirsuta* Linn. ⋯⋯⋯⋯ 80

56.荠菜 *Capsella bursa-pastoris* (Linn.) Medic. ·····82

57.蔊菜 *Rorippa indica* (L.) Hiern. ·············83

58.诸葛菜 *Orychophragmus violaceus* (L.)
　　O. E. Schulz ·····························85

九、豆科　　87

59.含羞草 *Mimosa pudica* L. ·················87

60.合萌（田皂角）*Aeschynomene indica* L. ·····88

61.大巢菜 *Vicia sativa* L. ·····················90

62.田菁 *Sesbania cannabina* (Retz.) Poir. ·····91

63.白车轴草 *Trifolium repens* L. ·············93

64.小苜蓿 *Medicago minima* (L.) Grufb. ·······94

十、玄参科　　96

65.婆婆纳 *Veronica didyma* Tenore ·············96

66.阿拉伯婆婆纳 *Veronica persica* Poir. ·······97

67.陌上菜 *Lindernia procumbens* (Krock.) Philcox ···99

68.水苦荬 *Veronica undulata* Wall. ·············100

69.通泉草 *Mazus japonicus* (Thunb.) O.Kuntze ··· 101

70.蚊母草 *Veronica peregrina* Linn. ···········103

十一、伞形科　　105

71.野胡萝卜 *Daucus carota* L. ···············105

72.水芹 *Oenanthe javanica* (Bl.) DC. ·········106

73.蛇床 *Cnidium monnieri*（L.) Cuss. ·········107

74.细叶旱芹 *Cyclospermum leptophyllum* (Pers.)
　　Sprague ex Britton & P. Wilson ···········109

十二、毛茛科   111

75.石龙芮 *Ranunculus sceleratus* L. ·············· 111

76.毛茛 *Ranunculus japonicus* Thunb. ·············· 112

十三、泽泻科   114

77.矮慈姑 *Sagittaria pygmaea* Miq ·············· 114

78.慈姑 *Sagittaria trifolia* L. ·············· 116

十四、茜草科   118

79.猪殃殃 *Galium spurium* L. ·············· 118

十五、千屈菜科   120

80.节节菜 *Rotala indica* (Willd.) Koehne ·············· 120

81.多花水苋 *Ammannia multiflora* Roxb. ·············· 121

82.耳叶水苋 *Ammannia arenaria* H.B.K ·············· 122

十六、鸭跖草科   125

83.鸭跖草 *Commelina communis* L. ·············· 125

84.水竹叶 *Murdannia triquetra* (Wall.) Bruckn. ········· 126

十七、柳叶菜科   128

85.丁香蓼 *Ludwigia prostrata* Roxb. ·············· 128

十八、马齿苋科   130

86.马齿苋 *Portulaca oleracea* L. ·············· 130

十九、车前科 **132**

87.车前 *Plantago asiatica* L. ……………………… 132

二十、酢浆草科 **134**

88.酢浆草 *Oxalis corniculata* L. ………………… 134

二十一、牻牛儿苗科 **136**

89.野老鹳草 *Geranium carolinianum* L. ……… 136

二十二、桑科 **138**

90.葎草 *Humulus scandens* (Lour.) Merr. ……… 138

二十三、苋科 **140**

91.反枝苋 *Amaranthus retroflexus* L. ………… 140

92.喜旱莲子草 *Alternanthera philoxeroides* (Mart.)

Griseb. ………………………………………… 141

二十四、雨久花科 **143**

93.凤眼莲 *Eichhornia crassipes* (Mart.) Solms…… 143

94.鸭舌草 *Monochoria vaginalis* (Burm.f.) Presl

ex Kunth ……………………………………… 144

二十五、浮萍科 **146**

95.紫萍 *Spirodela polyrhiza* (L.) Schleid. ………… 146

二十六、香蒲科   147

96.宽叶香蒲 *Typha latifolia* L. ················· 147

二十七、紫草科   149

97.附地菜 *Trigonotis peduncularis* (Trev.) Benth. ······149

98.柔弱斑种草 *Bothriospermum tenellum* (Hornem)
Fisch. et Mey. ················· 151

二十八、堇菜科   153

99.紫花地丁 *Viola yedoensis* Makino ················· 153

二十九、灯心草科   155

100.笄石菖 *Juncus prismatocarpus* R. Brown ······ 155

三十、蔷薇科   157

101.蛇莓 *Duchesnea indica* (Andr.) Focke ········· 157

三十一、景天科   159

102.凹叶景天 *Sedum emarginatum* Migo ··········· 159

三十二、藜科   161

103.藜 *Chenopodium album* L. ················· 161

附录 ················· 163
一、稻田常用除草剂使用技术 ················· 163
二、小麦田常用除草剂使用技术 ················· 166
参考文献 ················· 168

一、禾本科

1. 稗 *Echinochloa crusgalli*（L.）Beauv.

【别　名】野稗、稗子、芒稗、水稗草、扁扁草

【形态特征】

幼　苗　第一片真叶线状披针形，叶片与叶鞘间的分界不明显，具有15条直出平行叶脉，无叶耳、叶舌，结合部位光滑；第二片真叶与第一片真叶相似。

成　株　秆高50～150厘米，光滑无毛。植株丛生，茎直立，基部倾斜或膝曲。叶片扁平呈条形，无叶舌，平滑无毛，边缘粗糙。圆锥花序直立且粗壮，呈不规则的塔状，主轴具棱，粗糙或具疣基长刺毛，分枝斜上举或贴向主轴，有时再分小枝。

花　序　总状花序常具分枝，小穗有2朵小花，小穗长约3毫米，第一外稃草质，小穗与分枝及小枝有硬刺疣毛，芒长一般5～30毫米，最长可达50毫米，第二外稃草质，先端有小尖头，边缘卷抱内稃。

果　实　果实椭圆形，米黄色，表面光滑。

【识别要点】第一片真叶有15条直出平行脉；小穗有较粗壮的芒，芒长5～30毫米。

【习性与危害】一年生草本，种子繁殖。花果期7—10月。稗分布于全国各地，生于沼泽、水湿处，对水稻危害最为严重，是水稻田最主要的恶性杂草。

2. 狗牙根 *Cynodon dactylon* (L.) Pers.

【别　名】百慕大草、绊根草、爬根草、铁线草

【形态特征】

　　幼　苗　子叶留土，第一片真叶带状，前端急尖，边缘具有极细的刺状齿，叶片有5条直出平行脉，叶舌环形膜质，顶端细齿裂。叶鞘紫红色，也有5条脉。叶鞘与叶片均无毛。第二片真叶线状披针形，有9条直出平行脉。

　　成　株　低矮草本，具有根状茎或匍匐茎，须根细而坚韧。匍匐茎平铺地面或埋入土中，长可达1米以上，光滑坚硬，并于节上生不定根及分枝，直立部分高10～30厘米，秆壁厚，光滑无

毛。叶片平展、披针形，前端渐尖，边缘有细齿，叶色浓绿；叶鞘具脊，鞘口常具柔毛；叶舌短，具一轮小纤毛。

花　序　穗状花序 3 ~ 6 枚，呈指状排列于茎顶；小穗灰绿色或带紫色，成 2 行排列于穗轴的一侧，仅含 1 朵小花；颖长 1.5 ~ 2 毫米，第二颖稍长，均具 1 脉，背部成脊而边缘膜质；外稃舟形，具 3 脉，脊上有毛；内稃与外稃近等长，具 2 脉；花药黄色或紫色。

果　实　颖果矩圆形，淡棕色或褐色，长约 1 毫米。

【识别要点】具有根状茎或匍匐茎，叶片披针形，小穗灰绿色或带紫色。

【习性与危害】多年生草本，多以根茎或匍匐茎繁殖，种子也可繁殖。萌发出苗期 3—5 月，花果期 6—10 月。狗牙根广布于我

国黄河以南各省份。植株低矮，生长力强，喜光，草质细，耐践踏，常用作草坪草。结实能力极差，种子成熟后易脱落，具有一定的自播能力。生于河边、路旁、草地或农田中，部分农作物受害较重。

3. 鹅观草 *Roegneria kamoji* Ohwi

【别　名】弯鹅观草、弯穗鹅观草、垂穗鹅观草、弯穗大麦草

【形态特征】

幼　苗　叶片条形，叶鞘光滑，外侧边缘常被纤毛，叶舌极短。

成　株　须根深15～30厘米。秆丛生，直立或基部倾斜，开阔地上常呈披散状，高30～100厘米。叶鞘光滑，外侧边缘常被纤毛；叶舌截平，长0.5毫米；叶片条形，光滑或稍粗糙。

花　序　穗状花序常弯垂；小穗绿色或呈紫色，含3～10朵花；颖卵状披针形，先端渐尖，具2～7毫米的短芒，边缘宽膜质，无毛，有3～5脉，第一颖较第二颖短；外稃披针形，边缘宽膜质，具5脉，第一外稃先端延伸成芒，芒劲直或上部稍弯曲，长2～4厘米；内稃约与外稃等长，先端钝，脊有翼，翼缘有细小纤毛。

果　实　颖果稍扁，黄褐色，千粒重为1.9克。

【识别要点】小穗绿色或呈紫色，颖卵状披针形。

【习性与危害】多年生草本，种子繁殖。花果期5—7月。鹅观草分布几乎遍及全国，生于上坡或湿草地，为田边、果园常见杂草，其茎和叶带紫色，有香气，春季返青早，穗状花序弯曲下垂，姿态潇洒别致，具有一定的观赏价值，也是良好的水土保持植物。

4. 雀麦 *Bromus japonicus* Thunb.

【别　名】火燕麦

【形态特征】

　　幼　苗　第一片真叶带状披针形，先端锐尖，缘有睫毛，有13条直出平行脉。叶片两面与叶鞘均密被长柔毛。叶鞘闭合，叶舌透明膜质，顶端有不规则齿裂，无叶耳。随后发出的真叶叶鞘带紫红色，其他与前者相似。

　　成　株　秆丛生，直立或略倾斜，高30～100厘米。叶片长条形，两面均有白色柔毛，有时叶背无毛；叶鞘闭合，被柔毛；叶舌透明膜质，先端近圆形，长1～2.5毫米。

　　花　序　圆锥花序疏展，每节具2～8分枝，向下弯垂；分枝细，长5～10厘米，分枝近上部着生1～4枚小穗；小穗黄绿色，密生7～14朵小花；颖披针形，近等长，脊粗糙，边缘膜质，第一颖具3～5脉，第二颖具7～9脉；外稃长椭圆形，草质，边缘膜质，具9脉，微粗糙，顶端钝三角形，芒自先端下部伸出，基部稍扁平，成熟后外弯；内稃短于外稃，两脊疏生刺毛；小穗轴短棒状，长约2毫米。

果　实　颖果与内稃相贴，不易分离，长圆状椭圆形。

【识别要点】幼苗与小麦形态相似，其主要特征是叶鞘、叶片上密被白色茸毛，叶片细长、上挺，植株瘦小，手拔时有柔软的感觉，多须根，入土浅，容易拔出，而冬小麦幼苗则相反。

【习性与危害】越年生或一年生草本，种子繁殖。花果期5—7月。雀麦分布于我国长江、黄河流域。雀麦是草原主要牧草之一，带入麦田之后，却成为难以根除的恶性杂草，主要通过种子、农肥、风雨传播。

5. 双穗雀稗 *Paspalum distichum* L.

【别　名】过江龙、红绊根草

【形态特征】

幼　苗　矮小，叶初出时不成筒状，向两侧伸展。第一片真叶宽而短，扁平；第二片真叶窄而长，叶片、叶缘及叶鞘均有纤毛；叶舌膜质、三角状，较短，先端不规则齿裂。

成　株　匍匐茎横走、粗壮，长达1米，向上直立部分高20～40厘米，节生柔毛。叶片披针形，长5～15厘米，宽3～7毫米，无毛；叶鞘短于节间，松弛，背部具脊，边缘或上部被柔毛；叶舌长1～1.5毫米，无毛。

花　序　总状花序2枚，指状排列于秆顶，长2～6厘米，小穗倒卵状长圆形，长约3毫米，顶端尖，疏生微柔毛。第一颖退化或微小；第二颖贴生柔毛，具明显的中脉；第一外稃具3～5脉，通常无毛，顶端尖；第二外稃草质，等长于小穗，黄绿色，顶端尖，被毛。

果　实　颖果近圆形，种子棕黑色。

【识别要点】总状花序指状排列于秆顶，双穗成剪刀状。

【习性与危害】多年生草本，种子和根茎繁殖。花果期5—9月，通常夏季抽穗。双穗雀稗分布于江苏、浙江、湖北、湖南、广东、广西、云南、海南、台湾等地，生于稻田、田边、沟边、旱地低湿处、浅水域、路边等，常以单一群落生于低洼湿润沙土地及水边，多从沟边、埂边逐渐侵染农田，形成草害，易造成草荒。为水稻黑尾叶蝉幼虫的越冬寄主和灰飞虱、褐飞虱及长管麦蚜的寄主。

6. 杂草稻 *Oryza sativa* f.*spontanea* Roschev.

【别　名】野稻、杂稻、再生稻

【形态特征】

　　幼　苗　叶色较淡，呈黄绿色，叶片披散，植株高大，多数植株叶舌、叶耳为红褐色，茎基部褐色。

　　成　株　株型松散，分蘖粗壮，分蘖角度大。剑叶长而宽，披垂，灌浆后穗子下垂，籽粒少、小、排列稀。籽粒略带红褐色，籽粒成熟早、易落粒。

花　序　圆锥花序紧凑型或散生型，成熟时向下弯垂、微弯或直挺。

果　实　花果期夏秋季。小穗长圆形，长6～9毫米，花药长约2毫米。

【识别要点】外形与栽培稻非常相似，植株高度高于栽培稻；出苗时间和栽培时间早于栽培稻；谷壳褐色或稻草色，种皮红色，容易落粒。

【习性与危害】杂草稻生长在水稻田中，与栽培稻竞争光、水和营养。生长势强，比栽培稻早发芽、早分蘖、早抽穗、早成熟。杂草稻主要分布于辽宁、黑龙江、江苏、广东、宁夏和上海等地，受收割机异地割稻等影响，浙江等地也逐步扩散蔓延。

7. 千金子 *Leptochloa chinensis* (L.) Nees.

【别　名】绣花草、黄花草、畔茅

【形态特征】

幼　苗　第一片真叶长椭圆形，有7条直出平行脉；叶舌膜质环状，顶端齿裂；叶鞘短，边缘白色膜质。

成　株　秆簇生，上部直立，茎下几节膝曲或倾斜，光滑无毛，着土后节部容易生根。叶鞘光滑无毛，叶舌膜质，叶片条状披针状，扁平或多少卷折，先端渐尖，叶柔软、无毛。

花　序　圆锥花序，15～30厘米，分枝细长，由许多穗状花序组成。小穗紫色，复瓦状成双行排列在穗轴一侧，含3～7朵小花；颖具1脉，无芒；第一颖短而狭窄，第二颖长于第一颖；外稃具3脉，先端钝，无毛或下部有微毛。

果　实　颖果长圆球形，长约1毫米。

【识别要点】第一片真叶有7条直出平行脉；圆锥花序，小穗紫色。

【习性与危害】一年生草本，种子繁殖。花果期7—11月。千金子分布于全国各地，对水稻危害最为严重，是水稻田最主要的恶性杂草。

8. 马唐 *Digitaria sanguinalis*（L.）Scop.

【别　名】叉子草、毛马唐、毛蟹草、毛蟹爪草、蟹爪草

【形态特征】

　　幼　苗　深绿色，密被柔毛。第一片真叶具有一狭窄环状而顶端齿裂的叶舌，叶缘具长睫毛。

　　成　株　茎直立或基部倾斜，高40～100厘米，表面光滑无毛；叶片呈条状披针形，两面有稀疏软毛；叶鞘大多短于节间，无毛或散生疣基柔毛。

　　花　序　总状花序3～10枚，指状排列茎顶；小穗呈椭圆状披针形，通常孪生，一具长柄，另一具极短柄或几无柄；第一颖小，短三角形，无脉；第二颖披针形，长为小穗的一半，边缘有柔毛；第一外稃与小穗等长，具7脉，中脉平滑，两侧的脉间距离不等，无毛；第二外稃灰绿色，边缘膜质。

　　果　实　带稃颖果椭圆形，透明。

　　【识别要点】幼苗深绿色，密被柔毛；总状花序3～10枚，指状排列茎顶。

【**习性与危害**】一年生草本，种子繁殖。花果期7—10月。马唐分布于全国各地，生于田边、河滩、道路两侧等，是旱田作物秋季主要杂草，也是麦田较为常见的恶性杂草。

9. 牛筋草 *Eleusine indica* (L.) Gaertn.

【别　名】蟋蟀草

【形态特征】

幼　苗　全株扁平状，无毛。第 1～3 真叶条状披针形，淡黄绿色，有光泽，直出平行脉。叶舌环状，薄膜质，无叶耳。

成　株　株高 10～90 厘米，秆丛生，基部倾斜向四周展开，根系发达，不易整株拔起。叶片条形松散，长 10～15 厘米，宽 3～5 毫米，无毛或上面被疣基柔毛；叶鞘压扁而具脊，叶舌短。

花　序　穗状花序 2～7 个，呈指状着生于秆顶；小穗呈两行排列于穗轴一侧，具 3～6 朵小花，无芒；颖披针形，脊粗糙，第一颖长 1.5～2 毫米，第二颖长 2～3 毫米；第一外稃卵形，膜质，脊带窄翼；内稃短于外稃，具 2 脊，脊具窄翼。

果　实　囊果卵圆形或长椭圆形，长约 1.5 毫米，基部下凹，具波状皱纹。

【识别要点】苗期全株扁平状；穗状花序呈指状着生在秆顶。

【习性与危害】一年生草本，种子繁殖。花果期 6—10 月。牛筋草在全国各地都有分布，多生于荒地、田埂及道路旁。因根系

发达，吸收土壤水分和养分能力强，发生在麦田里因生长势强而干扰并限制小麦生长，从而影响产量。

10. 狗尾草 *Setaria viridis*（L.）Beauv.

【别　名】谷莠子、光明草

【形态特征】

幼　苗 叶片条状披针形；叶鞘光滑，鞘口有柔毛；叶舌短，具纤毛。

成　株 根为须状，高大植株具支持根。秆直立或基部膝曲，高30～100厘米，基部径达3～7毫米。叶鞘松弛，无毛或疏具柔毛或疣毛，边缘具较长的密绵毛状纤毛；叶舌极短，缘有长1～2毫米的纤毛；叶片扁平，长三角状狭披针形或线状披针形，先端长渐尖或渐尖，基部钝圆形，几呈截状或渐窄，通常无毛或疏被疣毛，边缘粗糙。

花　序 圆锥花序紧密呈圆柱状或基部稍疏离，直立或稍弯垂，密披刚毛，粗糙或微粗糙，直或稍扭曲，通常绿色或褐黄到紫红或紫色；小穗簇生于主轴上或更多的小穗着生在短小枝上，椭圆形，先端钝，浅绿色。

果　实　颖果长椭圆形，具细点状皱纹，灰白色。

【识别要点】圆锥花序紧密呈圆柱状，酷似狗尾巴。

【习性与危害】一年生草本，种子繁殖。花果期5—10月。狗尾草广布于全国各地，生于农田、荒地、道旁，为旱地作物常见的一种杂草，对棉花、花生、豆类等作物危害较重，部分农田、园圃受害严重。

11. 棒头草 *Polypogon fugax* Nees ex Steud.

【形态特征】

幼　苗　第一片真叶条形，前端尖，有3条直出平行脉，叶舌呈裂齿状，无叶耳，无毛。

成　株　株高15～75厘米，光滑无毛，具4～5节。植株丛生，茎直立，基部膝曲。叶片扁平呈阔条形，微粗糙或背部光滑；

叶鞘光滑无毛；叶舌膜质，长圆形，常呈不整齐齿裂。

花　序　圆锥花序穗状，直立，呈长圆形或卵形，具缺刻或有间断，分枝长达4厘米。圆锥花序分枝轮生，小穗有1朵小花，长约2毫米，灰绿色或部分带紫色。颖呈长圆形，等长，被纤毛，前端浅裂，芒从裂口处伸出，长1～3毫米；外稃光滑，前端具微齿。

果　实　颖果椭圆形，一面扁平。

【识别要点】圆锥花序呈塔状，常有间断；颖呈长圆形，前端浅裂，芒从裂口处伸出，长1～3毫米。

【习性与危害】越年生或一年生草本，种子繁殖。长江中下游地区10月中旬至12月出苗，翌年2—3月返青，同时越冬种子亦出苗，花果期4—9月。棒头草分布于全国各地（除东北、西北），生于海岸、河谷等潮湿处，主要危害小麦、油菜、绿肥和蔬菜等作物。

12. 李氏禾 *Leersia hexandra* Swartz.

【别　名】秕壳草

【形态特征】

　　成　株　具发达匍匐茎和细瘦根茎。秆倾卧地面,丛生,花秆直立,高40～100厘米,节上有一圈白色茸毛。叶片条状披针形,粗糙;叶鞘短于节间且平滑;叶舌膜质。

　　花　序　圆锥花序直立或斜升,可再分小枝。圆锥花序开展,分枝较细,小穗有1朵小花,小穗长3.5～4毫米,两侧压扁,有小柄。无颖。外稃具5脉,脊上和两侧生刺毛;内稃脊生刺状纤毛,内外稃等长。

　　果　实　果实细长,棕黄色。

【识别要点】圆锥花序开展,分枝较细;外稃脊上和两侧生刺毛,内稃脊生刺状纤毛,内外稃等长。

【习性与危害】多年生草本，根茎和种子繁殖。花果期6—8月。李氏禾分布于华东、华中、华北、西南、华南，生于河沟田岸水边湿地处，为田间常见杂草，部分水稻受害较重。

13. 菵草 *Beckmannia syzigachne*（Steud.）Fern

【别　名】菵米、水稗子

【形态特征】

幼　苗　第一片真叶条形，有3条直出平行脉，无毛；第二叶有5条直出平行脉。叶舌三角形、白色膜质，无叶耳。

成　株　植株丛生，茎直立或略倾斜。秆高15～90厘米，有2～4节。叶片扁平呈条形，粗糙；叶舌膜质，透明；叶鞘长于节间，无毛。

花　序　圆锥花序狭窄，直立或斜升。小穗扁平呈圆形，有1朵小花，长约3毫米，灰绿色，呈两行着生于穗轴一侧；内稃稍短于外稃，有脊，外稃披针形；颖草质，边缘质薄，等长。

果　实　颖果长圆形，黄褐色，前端具残存花柱。

【识别要点】小穗扁平，圆形，呈两行着生于穗轴一侧。

【习性与危害】越年生或一年生草本，种子繁殖。花果期4—8月。菵草分布遍及全国，生于水边及潮湿处，主要危害稻茬麦和油菜田，是长江流域小麦田主要恶性杂草。

14. 早熟禾 *Poa annua* L.

【别　名】小鸡草、绒球草

【形态特征】

幼　苗　初生叶线状披针形，有3条直出平行脉；叶鞘光滑，淡绿色，常带紫色；叶舌膜质，三角形；无叶耳。

成　株　秆丛生细弱，直立或倾斜，高8～30厘米。叶鞘扁，中下部闭合，无毛；叶舌膜质，圆头；叶片扁平或对折，质地柔软，叶尖呈船形，边缘略粗糙。

花　序　圆锥花序开展，长3～7厘米，分枝1～3枚着生各节，小穗卵形，含3～5朵小花，绿色。颖质薄，边缘膜质；颖壳两枚，外稃卵圆形，具5脉，脊与边脉具柔毛。花药黄色，长0.6～0.8毫米。

果　实　颖果纺锤形，具3棱，长约2毫米，深黄褐色。

【识别要点】叶鞘扁，中下部闭合；圆锥花序开展，着生绿色小花。

【习性与危害】越年生或一年生草本，种子繁殖。花果期2—4月。早熟禾分布于全国各地，多生长于较湿润的草地、路旁，主要危害小麦、油菜等作物。

15. 看麦娘 *Alopecurus aequalis* Sobol.

【别　名】看娘娘、棒槌草

【形态特征】

幼　苗　第一片真叶带状，长1.5厘米，先端钝，绿色，无毛；第二、三叶线形，先端尖锐，叶舌薄膜质。

成　　株　高15～40厘米，秆少数丛生，细瘦，光滑，基部节处常有膝曲。叶鞘短于节间，叶舌膜质；叶片扁平，近直立。

花　　序　圆锥花序狭圆柱状，灰绿色，小穗含1朵花，密集于穗轴之上，花药橙黄色。

果　　实　颖果长椭圆形。

【识别要点】圆锥花序狭圆柱状；花药橙黄色。

【习性与危害】越年生或一年生草本，种子繁殖。花果期4—6月。看麦娘广布于全国各地，主要危害小麦、油菜、绿肥等作物，地势低洼的麦田受害严重，是麦田的主要恶性杂草，也是黑尾叶蝉、灰飞虱、稻蓟马等多种害虫的田间寄主。

16. 日本看麦娘 *Alopecurus japonicus* Steud.

【形态特征】

　　幼　苗　第一片真叶带状，长7～11厘米，两侧叶缘上具有倒生刺毛。

　　成　株　秆多数丛生，直立或基部膝曲，高20～50厘米。叶鞘疏松抱茎，叶舌薄膜质；叶片质地柔软，粉绿色。

　　花　序　圆锥花序圆柱状，长3～10厘米，宽4～10毫米。小穗长卵圆形，长5～6毫米。颖3脉，具纤毛，芒长8～12毫米，

伸出颖外，中部稍膝曲。花药白色。

果　实　颖果半椭圆形，长2～2.5毫米。

【识别要点】第一片真叶长7～11厘米；穗形圆锥花序较粗壮，花药色淡或白色。

【习性与危害】越年生或一年生草本，种子繁殖。花果期4—5月。日本看麦娘主要分布于浙江、江苏、湖北、广西及陕西等地，多生长于低、湿麦田，危害油菜、绿肥等作物。

17. 野燕麦 *Avena fatua* L.

【别　名】乌麦、燕麦草

【形态特征】

幼　苗　初生叶卷成筒状。叶片细长，扁平，略扭曲，两面疏生柔毛；叶舌较短，透明膜质。

成　株　秆丛生或单生，直立，光滑无毛，高50～120厘米，2～4节，光滑。叶鞘松弛，叶舌透明膜质；叶片宽条形，扁平。

花　序　圆锥花序，开展，塔形，分枝轮生，疏生小穗。小穗梗细长，弯曲下垂。颖草质，

两颖等长，外稃质地坚硬，芒从稃体中下部伸出、膝曲、扭转。

果　实　颖果长圆形，被淡棕色柔毛，腹面具纵沟。

【识别要点】圆锥花序塔形，分枝轮生；小穗梗细长，弯曲下垂。

【习性与危害】一年生或越年生草本，种子繁殖。花果期5—6月。野燕麦分布于我国各地，为麦田主要杂草，也是麦类赤霉病、叶斑病的寄主。

18. 画眉草 *Eragrostis pilosa* (Linn.) Beauv.

【别　名】榧子草、星星草、蚊子草

【形态特征】

幼　苗　第一叶长4厘米左右，自第二叶渐长，第五叶开始分蘖。

成　株　秆丛生，高15～60厘米，4节，常膝曲，具多数分枝。叶片线形扁平或内卷，叶面粗糙，叶背平滑无毛；叶鞘扁，疏散裹茎，鞘缘近膜质，鞘口有长柔毛；叶舌为一圈白色纤毛。

花　序　圆锥花序开展或紧缩；分枝单生、簇生或轮生，斜升，腋间有长柔毛；小穗柄微糙，有3～14朵小花；颖膜质，透明，披针形，第一颖卵形无脉，第二颖长卵形1脉；外稃宽卵形，先端尖；内稃迟落或宿存，稍弓形弯曲，脊有纤毛；雄蕊3枚，花药长约0.3毫米。

果　实　颖果，棕色，长圆形。

【识别要点】圆锥花序多直立向上，小穗具柄；植株新鲜时有臭腥味。

【习性与危害】一年生草本，种子繁殖。花果期8—11月。画眉草几乎遍布全国各地，多生于果园、田边、路边及荒地，危害麦类、豆类、薯类等作物。

二、石竹科

19. 繁缕 *Stellaria media* (L.) Cyr.

【别　名】鸡儿肠、鹅肠草

【形态特征】

幼　苗　子叶卵形，先端急尖，基部阔楔形，下胚轴明显，上胚轴发达。初生叶2片，对生，卵圆形，具长柄，柄上疏生长柔毛，两柄基部相联合抱轴。

成　株　茎平卧或近直立，丛生，细弱柔软，高10～30厘米，茎的一侧有短柔毛其余部分无毛。叶卵形或宽卵形，顶端渐尖，基部心形，全缘或波状，上部叶无柄，基部略包茎，下部叶有柄。花梗细长，花后下垂。

花　序　聚伞花序顶生，萼片5片，披针形，边缘宽膜质，有柔毛；花瓣5瓣，长椭圆形，白色，短于萼片，先端2深裂几乎达到基部，雄蕊3～5枚，短于花瓣；柱头3裂，线形。

果　实　蒴果卵形或长圆形，稍长于宿存萼，顶端6裂，具多数种子。种子卵圆形至近圆形，稍扁，黄褐色，直径1～1.2毫米，表面具半球形瘤状凸起，脊较显著。

【识别要点】初生叶卵圆形，两柄基部相联合抱茎；聚伞花序顶生，花瓣5瓣，深2裂，白色，柱头3裂。

【习性与危害】越年生或一年生草本，种子繁殖。花果期3—6月。繁缕广布于全国各地，为田间常见杂草，生于较湿润的农田、路旁或溪边草地，主要危害小麦、油菜、蔬菜等作物。

20. 牛繁缕 *Malachium aquaticum*（L.）Moench

【别　名】鹅儿肠、鹅肠菜、石灰菜

【形态特征】

　　幼　苗　子叶出土，卵形；上下胚轴均发达，带紫红色。初生叶2片，阔卵形，叶柄疏生长柔毛。

　　成　株　茎自基部分枝，下部伏地生根，上部直立或斜立，多分枝，株高30～80厘米。叶对生，下部叶有柄，上部叶近无柄；叶片卵形或宽卵形，先端锐尖，基部近心形，全缘或稍呈波状。

花　序　花顶生枝端或单生于叶腋，二歧聚伞花序。苞片叶状，边缘具腺毛；花梗细，长 1 ～ 2 厘米，花后伸长并向下弯，密被腺毛；萼片 5 片，卵状披针形或长卵形，长 4 ～ 5 毫米，花瓣 5 瓣，白色，与萼片互生，长于萼片，顶端 2 深裂达基部，裂片线形或披针状线形；雄蕊 10 枚，稍短于花瓣；子房长圆形，花柱短，线形。

果　实　蒴果卵圆形，种子近圆形，多数褐色，有散星状凸起。

【识别要点】幼苗基部带紫红色；花顶生枝端或单生于叶腋，花白色，顶端2深裂达基部，裂片线形或披针状线形，柱头5裂。与繁缕相比，其茎颜色较深，常呈紫色，茎秆也明显较高。

【习性与危害】多年生草本，种子和匍匐茎繁殖。花果期5—9月。牛繁缕分布于全国各地，生于农田和路旁，以稻麦轮作田最多，主要危害小麦、油菜、蔬菜等作物。

21. 球序卷耳 *Cerastium glomeratum* Thuill.

【别　名】婆婆指甲菜、圆序卷耳

【形态特征】

成　株　茎高10～35厘米，单生或簇生，上部直立，带紫红色。叶对生，基部叶片倒卵形，中上部叶片近卵形，顶端尖，基部包茎，两面被柔毛。

花　序　聚伞花序顶生呈球状，花3～7朵，花梗密被腺毛，萼片5片，披针形，被长柔毛；花冠白色，花瓣5瓣，倒卵形，与萼片近等长。

果　实　蒴果长圆形，种子肾形，褐色，扁平。

【识别要点】聚伞花序顶生呈球状。

【习性与危害】越年生草本，种子繁殖。花果期3—6月。球序卷耳分布于山东、江苏、浙江、台湾、湖北、湖南、江西、福建、西藏等地，生于山坡草地，为田边常见杂草。

22. 雀舌草 *Stellaria alsine* Grimm.

【别　名】天蓬草、莩苈子、蛇查口、地耳草、田基黄

【形态特征】

　幼　苗　子叶披针形，先端尖锐，基部楔形。上胚轴较发达，下胚轴不发达。初生叶2片，对生，卵形，全缘，主脉明显，具长柄；后生叶同初生叶，全株光滑无毛。

　成　株　茎细，丛生，光滑无毛，高15～30厘米。叶无柄，矩圆形至卵状披针形，长5～20毫米，宽2～5毫米。

　花　序　花序聚伞状，常有少数花，或单花腋生；萼片5片，针形；花5片，白色，2深裂几达基部。

　果　实　短蒴果椭圆形，先端6瓣裂；种子多数，肾形，微扁，有疣状凸起。

【识别要点】叶片形状细薄，状如雀舌。

【**习性与危害**】一年生或越年生草本，种子繁殖。花果期4—8月。雀舌草分布于浙江、江西、台湾、福建、湖南、广东、广西、贵州、四川、云南等地，多生于田间、溪岸或潮湿地。

三、菊 科

23. 一年蓬 *Erigeron annuus*（L.）Pers.

【别　名】千层塔、蓬头草、野蒿、治疟草

【形态特征】

　　幼　苗　除子叶外全身被短毛；子叶2片，卵圆形，先端钝圆，基部楔形，具柄。

　　成　株　茎粗壮直立，下部被开展的长硬毛，上部被较密的上弯的短硬毛，株高40～110厘米。基部叶花期枯萎，长圆形或卵状披针形，边缘有粗齿，基部窄狭呈翼柄；中上部叶比下部叶小且成披针形或长圆状披针形，顶端尖，边缘齿裂不规则；最上部叶片多条形，全缘，互生，叶缘有毛。

　　花　序　头状花序密集呈圆锥状或伞房状；总苞片共3层，密被长的直节毛；缘花舌状，舌片线形，白色或微带淡蓝色；盘花筒状，黄色。

　　果　实　瘦果长圆形，扁平，边缘有棱，略有毛。雌花有一层短而呈环状的小冠；两性花外层有极短的鳞片状冠毛，内层糙毛状。

　　【识别要点】茎粗壮直立，下部被开展的长硬毛；花舌状，色泽为白中带蓝。

　　【习性与危害】一年生或越年生草本，种子繁殖。花果期5—11月。一年蓬分布于东北、华北、华中、华东、华南及西南等地，生长在山坡、路边及田野中。

24. **野艾蒿** *Artemisia lavandulaefolia* DC.

【别　名】野艾、小叶艾、狭叶艾、艾叶、苦艾、陈艾

【形态特征】

　　幼　苗　具浓烈香气，茎有明显纵棱，褐色或灰黄褐色；基生叶具长柄，叶上面被灰白色短柔毛。

　　成　株　主根明显，侧根多，根状茎稍粗，有细而短的营养枝。茎直立，高50～120厘米，具纵棱，分枝多。茎、枝、叶背面及总苞片被灰白色蛛丝状柔毛。叶纸质，上面绿色，具密的白色腺点及小凹点，着毛，在老时脱落至近无毛；基生叶与下部叶宽卵形或近圆形，具长柄，二回羽状全裂，第一回全裂，第二回深裂，花期叶萎谢；中部叶与基叶同形，唯小裂片线状披针形，先端尖，边缘反卷，叶柄基部有小型羽状分裂的假托叶；上部叶羽状全裂，具短柄或近无柄；苞片叶为线状披针形或披针形，先端尖，边反卷。

　　花　序　头状花序极多数，椭圆形或长圆形，直径2～2.5毫米，有短梗或近无梗，具小苞叶，在分枝的上半部排成总状花序，并在茎上组成狭长或中等开展，稀为开展的圆锥花序。总苞片3～4层，外层总苞片略小，卵形或狭卵形，背面密被灰白色或灰黄色蛛丝状柔毛，边缘狭膜质，中层总苞片长卵形，背面疏被蛛丝状柔毛，边缘宽膜质，内层总苞片长圆形或椭圆形，半膜质，背面近无毛。

　　果　实　瘦果长卵形或倒卵形，无毛。

　　【识别要点】二回羽状复叶，叶柄基部有小型羽状分裂的假托叶，叶片纸质，有密集的白色腺点和小凹点，上有柔毛；总苞长圆形。

　　【习性与危害】多年生草本，有时为半灌木状，根茎和种子繁殖。花果期8—10月。野艾蒿主要分布于我国东北、华北及陕西等地，多生于低或中海拔地区的路旁、林缘、山坡、草地、山谷、灌丛及河湖滨草地等。

25. 野塘蒿 *Conyza bonariensis*（L.）Cronq.

　　【别　名】香丝草、野地黄菊、蓑衣草

　　【形态特征】

　　成　株　茎直立，高30～70厘米，全体被白色柔毛，灰绿色。基部叶互生，披针形，有柄，叶全缘有不规则的齿裂或羽裂；

茎生叶无柄，条形，全缘，常扭曲。

花　序　头状花序多排列呈圆锥状或伞房状；总苞半球形，总苞片2～3层，狭条形，膜质边缘；舌状花多数，舌片极短，开展不明显，先端呈齿裂，白色；筒状花短于舌状花或近等长，花筒稍粗。

果　实　瘦果长圆形，略扁。冠毛毛状，白色或淡黄色。

【识别要点】外形与小飞蓬相似。与小飞蓬相比，植株较矮，全体被细柔毛，叶缘圆钝，花序少而花朵大。

【习性与危害】越年生或一年生草本，种子繁殖。花果期5—10月。野塘蒿分布于我国南部、西南及中部等地，生于路边、荒地及农田中，部分旱地作物受害较重。

26. 刺儿菜 *Cirsium arvense* var. *integrifolium*

【别　名】小蓟、小刺盖、刺刺菜

【形态特征】

幼　苗　子叶阔椭圆形，下胚轴发达，上胚轴不发育。初生叶1片，椭圆形，缘具齿状刺毛。

成　株　具长匍匐根。茎直立，高25～50厘米，叶互生，通常无叶柄，缘具刺状齿，下部和中部叶椭圆状披针形，两面均具白色柔毛；中、上部叶片有时羽状浅裂。

花　序　头状花序，单生茎顶，总苞钟状，总苞片多层，尖端均有刺；花紫红色或粉紫色，全为筒状花。

果　实　瘦果椭圆形或长卵形，冠毛羽毛状，白色。

【识别要点】叶互生，缘具刺状齿；花紫红色或粉紫色，全为筒状花。

【习性与危害】多年生草本，以根芽繁殖为主、种子繁殖为辅。花果期5—10月。刺儿菜分布于全国各地，为麦、棉、豆、甘薯田和果、桑园的主要杂草。

27. 苍耳 *Xanthium strumarium*

【别　名】苍子、老苍子、虱麻头、地葵、野茄子、刺儿棵

【形态特征】

幼　苗　子叶2片，椭圆状披针形，肉质肥厚。初生叶2片，呈卵形；叶片及叶柄均密被茸毛，主脉明显。下胚轴发达，呈紫红色。

成　株　茎直立，少有分枝。株高20～90厘米，粗糙被毛。叶片呈三角形，前端锐尖，基部心脏形，叶片互生，具长柄，叶缘有缺刻及不规则的粗锯齿，两面贴生糙状毛。

花　序　头状花序，腋生或顶生，雌雄同株，花单性。雄性头状花序呈球形，管状小花，雄蕊5枚，花冠钟形；雌性头状花序呈椭圆形，2朵小花，无花冠。

果　实　聚花果宽卵形或椭圆形，外有1～1.5毫米的钩刺；内有2个瘦果，倒卵形，灰黑色。

【识别要点】叶片呈三角形，前端锐尖，基部心脏形；聚花果宽卵形或椭圆形，外有钩刺。

【习性与危害】一年生草本，种子繁殖。花果期7—10月。苍耳分布于东北、华北、华东、华南、西北及西南各省份，生于平原、丘陵、低山、荒野、路边、沟旁、田边、草地、村旁等处，为田间常见杂草。幼苗粗壮，形似黄豆芽，误食易引起中毒。苍耳还是棉蚜、金刚钻等害虫的寄主。

28. 鳢肠 *Eclipta prostrata* L.

【别　名】旱莲草、墨旱莲、乌田草、乌心草

【形态特征】

幼　苗　子叶圆形或椭圆形，具1条主脉和2条边脉，具柄，无毛；初生叶2片，对生，椭圆形，全缘或具细齿，具长柄。

成　株　株高15～60厘米。茎上部直立或斜上，下部匍匐，

四散分枝，表面有糙毛，茎折断后有墨色汁液。叶片对生，无柄或基部叶有柄，长圆状呈披针形或条状披针形，被伏毛，全缘或有锯齿。

花　序　头状花序腋生或顶生，总苞球状呈钟形，绿色草质，5～6片排成2层；外围2层为雌花，舌状，中央多为两性花，筒状；花柱具分枝，乳状凸起；花托有呈披针形或线形托片。

果　实　瘦果黑褐色。舌状花的果实三棱形，筒状花的果实四棱形，表面具瘤状凸起，无毛。

【识别要点】茎折断后有墨色汁液；头状花序腋生或顶生，外围舌状，中央筒状。

【习性与危害】一年生草本，种子繁殖。花果期7—11月。鳢肠分布于全国各地，生于河边、田边或路旁，为棉花、大豆和水稻田常见杂草。

29. 小蓬草 *Erigeron canadensis* L.Cronq.

【别　名】加拿大飞蓬、飞蓬、小飞蓬、小白酒草

【形态特征】

幼　苗　子叶阔卵形，光滑，具柄。下胚轴不发达，上胚轴不育。初生叶近圆形，全缘，密被短柔毛；第二后生叶矩圆形。

成　株　全株绿色。茎直立，高50～100厘米，有细条纹和稀疏的长硬毛；叶互生，叶柄不明显，叶片呈条状披针形或长圆状条形，部分叶缘有微锯齿。

花　序　头状花序多数，排列成顶生多分枝的大圆锥花序；花序梗纤细；总苞呈半球形，总苞片2～3层，线状披针形或线形，边缘干膜质，无毛；花呈舌状，白色或微带紫色，舌片较小；两性花呈筒状，淡黄色。

果　实　瘦果长圆形，扁平，有毛；冠毛为污白色，糙毛状。

【识别要点】全株绿色，茎有稀疏的长硬毛；基部叶无明显叶柄。

【习性与危害】越年生或一年生草本，种子繁殖。花果期5—10月。小蓬草分布于浙江、江西、湖北、四川、台湾、河南、陕西、山西、山东及东北等地，生于荒地、田埂、道路两侧。

30. 泥胡菜 *Hemisteptia lyrata* Bunge

【别　名】剪刀草、石灰菜、苦郎头

【形态特征】

幼　苗　子叶阔卵形，具短柄。下胚轴明显，上胚轴不发育。初生叶1片，阔卵形，先端急尖，叶缘具尖齿，叶背密生蛛丝状白色毛，具长柄。

成　株　茎直立，高30～100厘米，有条纹，光滑或具白色蛛丝状毛。基生叶莲座状，有柄，叶片倒披针形或倒披针状椭圆形，提琴状羽状分裂，顶裂片较大，三角形，背面有白色蛛丝状

毛。茎生叶互生，中部叶椭圆形，无柄，羽状分裂；上部叶条状
披针形至条形。

  花 序 头状花序，疏生顶枝。总苞球形，总苞片多层，覆
瓦状排列，外层较短，中层椭圆形，内层条状披针形。筒状花，
淡紫红色。

  果 实 瘦果圆柱形，有13～16条粗细不等的凸起纵肋；冠
毛白色，羽毛状。

【识别要点】叶互生，呈倒披针状卵圆形或倒披针形，羽状深裂，茎及叶背面常有白色蛛丝状毛；紫红色花，筒状。

【习性与危害】越年生草本，种子繁殖。花果期4—8月。泥胡菜分布于全国各地，在小麦进入生长盛期时，泥胡菜会消耗土壤过多的水分，从而影响小麦的产量。

31. 蒲公英 *Taraxacum mongolicum* Hand.-Mazz.

【别　名】黄花地丁、婆婆丁、华花郎等。

【形态特征】

幼　苗　子叶卵圆形，先端钝圆或微凹，基部渐窄至叶柄。初生叶1片，卵形，边缘有疏细尖齿，中脉明显，具长柄，柄长约6毫米。

成　株　根略呈圆锥状，粗壮。叶基生，莲座状展开。叶片倒披针形或长圆状披针形，边缘羽状深裂，顶端裂片较大，三角形或三角状戟形，全缘或具齿。

花　序　花葶2至数条，与叶近等长，直立，中空，上部紫红色，被蛛丝状毛。头状花序单生于葶顶。总苞钟状，淡绿色，总苞片2～3层；外层卵状披针形或披针形。舌状花黄色，边缘花舌片背面具紫红色条纹，花药和柱头暗绿色。

果　实　瘦果长圆形至倒卵形，暗褐色，长4～5毫米，表面有刺状凸起，顶端有喙，喙顶端是白色冠毛，长4.5～5.5毫米。

【识别要点】头状花序，花多为金黄色，果序呈白色小绒球状。

【习性与危害】多年生草本，种子及根蘖繁殖。花果期4—10月。蒲公英几乎遍布全国各地，多生于果园、田边、路边及荒地，多危害旱地作物。

32 稻槎菜 *Lapsanastrum apogonoides*（Maxim.）Pak & K. Bremer

【别　名】稻搓菜

【形态特征】

　　幼　苗　子叶阔卵形，先端钝圆，全缘具叶柄；初生叶互生，叶片阔卵形，先端急尖，叶缘疏生尖齿。幼苗鲜绿色。

　　成　株　植株矮小，高10～20厘米，茎枝柔软，被柔毛或无毛；基生叶丛生，呈莲座状，叶片椭圆形，大头羽状全裂或几全裂，有叶柄；顶裂片较大，近卵圆形，侧裂片2～3对，椭圆形；

茎生叶少，形状与基生叶相似，向上渐小，不裂。全部叶片绿色，几无毛。

花　序　头状花序，排成疏散伞房状圆锥花序，有细梗；总苞片椭圆形，外层总苞片卵状披针形，内层总苞片椭圆状披针形，全部苞片无毛；舌状小花黄色，花瓣前端锯齿状。

果　实　瘦果椭圆状披针形，淡黄褐色，顶端有凸出的细刺。

【识别要点】基生叶丛生莲座状；黄色舌状小花。

【习性与危害】一年生草本，种子繁殖。花果期4—6月。稻槎菜分布于浙江、江苏、福建、江西、安徽、湖南、广东、广西、云南和陕西等地，主要生于路旁、田间、荒地和沟边，在南方农田中常见，为稻茬麦和油菜田的主要杂草。

33. **鼠曲草** *Pseudognaphalium affine* D.Don

【别　名】田艾、清明菜、拟鼠麹草、鼠麹草、秋拟鼠麹草

【形态特征】

幼　苗　初生叶与后生叶双面均被白色绵毛。

成　株　茎直立或基部分枝，高10～50厘米，被白色厚绵毛；叶互生、匙状倒披针形或倒卵状匙形，基部渐狭，顶端圆或具刺尖头，抱茎、全缘、无柄，两面均有白色绵毛。

花　序　头状花序顶生，通常在顶端密集成伞房状花序，花黄色或淡黄色，花冠细管状，顶端扩大，有齿裂。总苞球状钟形，总苞片2～3层，黄色，干膜质。雌花多数，花冠细管状，花冠顶端扩大，3齿裂，裂片无毛。两性花较少，管状，向上渐扩大，无毛。

果　实　瘦果倒卵形或倒卵状圆柱形，有乳头状凸起，冠毛粗糙，黄白色，易脱落。

【识别要点】茎、叶片两面均被白色绵毛；头状花序顶生并在顶端密集成伞房状花序，花黄色或淡黄色。

【习性与危害】越年生草本，种子繁殖。花果期4—11月。鼠曲草分布于华东、华中、华南、西南和台湾等地，生于低海拔旱地或湿润草地上，为南方麦田中常见杂草。

34. 花叶滇苦菜 *Sonchus asper*（L.）Hill

【别　名】续断菊、断续菊、石白头

【形态特征】

幼　苗　子叶近圆形，初生叶卵形；后生叶边缘有长短不等的齿刺。

成　株　茎直立，高30～70厘米，茎枝光滑无毛或上部有头状具柄的腺毛。基生叶与茎生叶同形，较小；中下部茎叶长椭圆形或倒卵形，包括渐狭的翼柄长7～13厘米、宽2～5厘米，柄基耳状抱茎或基部无柄；上部茎叶披针形，不裂，基部扩大，圆耳状抱茎；下部叶或全部茎叶羽状浅裂、半裂或深裂，侧裂片4～5对，椭圆形或半圆形；全部叶及裂片与抱茎圆耳边缘有尖齿刺。叶片两面光滑无毛，质地薄。

花　序　头状花序排成稠密伞房花序。总苞宽钟状，长约1.5厘米、宽1厘米；总苞片3～4层，向内层渐长，覆瓦状排列，绿色，草质，外层长披针形或长

三角形，长3毫米、宽不足1毫米，中内层长椭圆状披针形或宽线形，长约1.5厘米、宽1.5～2毫米；全部苞片顶端急尖，无毛。舌状小花黄色。

果　实　瘦果倒披针状，褐色，两面各具3条细纵棱，肋间无横皱纹；冠毛白色，柔软。

【识别要点】叶缘具尖刺齿，刺非常尖锐且多。

【习性与危害】越年生或一年生草本，种子繁殖。花果期5—10月。花叶滇苦菜分布于全国各地，部分小麦受害较重。

35. 苦苣菜 *Sonchus oleraceus* L.

【别　名】滇苦荬菜、滇苦菜

【形态特征】

成　株　茎直立，高40～150厘米，有纵条棱，全部茎枝光滑无毛，或上部有腺毛。基生叶丛生，羽状深裂，全形长椭圆形或倒披针形，或大头羽状深裂，全形倒披针形；全部叶或裂片边缘及抱茎小耳边缘有大小不等的锯齿，边缘大部全缘或上半部边缘全缘，顶端急尖或渐尖。叶片柔软，两面光滑无毛，质地薄。

花　序　头状花序少数在茎枝顶端排成紧密的伞房花序或总状花序或单生茎枝顶端。总苞钟状，总苞片覆瓦状排列；全部总苞片顶端长急尖，外面无毛或外层或中内层上部沿中脉有少数头状具柄的腺毛。花全为舌状花，鲜黄色。

果　实　瘦果褐色，长椭圆形或长椭圆状倒披针形，扁平，两面各具3条纵棱，肋间有细皱纹；冠毛白色。

【识别要点】与花叶滇苦菜相近，二者的区别在于叶片的分裂与不分裂及叶缘刺的锋利程度。苦苣菜叶片分裂的情况较为常见，叶缘齿较为温和。

【习性与危害】越年生或一年生草本，种子繁殖。花果期5—12月。苦苣菜分布于全国各地，多生长在较湿润的农田或路旁，对小麦、蔬菜等作物危害较重。

36. 中华苦荬菜 *Ixeris chinensis*（Thunb.）Nakai

【别　名】山苦荬、黄鼠草、小苦苣、中华小苦荬

【形态特征】

成　株　茎近直立或倾斜，高10～45厘米。全部叶两面无毛。基生叶长椭圆形或舌形，先端钝或急尖，基部下延成渐狭窄叶柄，全缘不分裂亦无锯齿或边缘有尖齿，或不规则羽裂；茎生叶2～4片，互生，长披针形或长椭圆状披针形，顶端渐狭，基部扩大，无柄，稍抱茎。

花　序　头状花序在茎枝顶端排成伞房花序。花全为舌状花，黄色，干时带红色；花未开时总苞呈圆柱状。

果　实　瘦果长椭圆形，褐色，有条棱，顶端急尖成细喙；冠毛白色。

【识别要点】基生叶丛生，茎生叶互生，植株折断后有白色乳汁。

【习性与危害】多年生草本，以根芽和种子繁殖。花果期1—
10月。中华苦荬菜分布于全国各地，以北方最普遍，为常见旱地
杂草，部分旱地作物受害较重。

37. 黄鹌菜 *Youngia japonica* (L.) DC.

【别　名】黄鸡婆、还阳草、黄花枝香草

【形态特征】

　　幼　苗　叶片边缘有不规则锯齿，叶柄有叶翅或叶翅不明显。

　　成　株　茎直立，高20～90厘米。基生叶排列呈莲座状，基
生叶倒披针形，提琴状或羽状半裂，顶裂片卵形或倒卵形，顶端
圆形或急尖；侧裂片稍小于顶裂片，椭圆形，向下渐小，最下方
的侧裂片耳状；裂片边缘有锯齿或边缘有小尖。茎生叶互生，通
常1～3片，较小。

花　序　头状花序在茎枝顶端排成聚伞状圆锥花序。总苞果期钟状，总苞片2层，外层5片，三角状或卵形，内层8片，披针形。舌状小花黄色。

果　实　瘦果长圆形或纺锤形，稍扁平，褐色或红褐色，有多条粗细不等的纵肋，肋上有小刺毛；冠毛白色糙毛状。

【识别要点】叶基生，近地处形成莲座状，花从莲座中间伸出，花葶上的叶子互生。折断后有白色乳汁。

【习性与危害】越年生或一年生草本，种子繁殖。花果期4—10月。除东北和西北部分地区外，黄鹌菜在全国其他地方均有分布，生于潮湿地与荒地上。

四、唇形科

38. 荔枝草 *Salvia plebeia* R. Br.

【别　名】癞蛤蟆草、皱皮草、雪见草

【形态特征】

幼　苗　子叶阔卵形，具柄。下胚轴发达，上胚轴不发育。初生叶对生，阔卵形，叶缘微波状，有1条明显的中脉，具叶柄；后生叶椭圆形，叶缘波状，表面微皱，有明显的羽状叶脉。

成　株　主根肥厚，向下直伸，有多数须根。茎直立，高15～90厘米，粗壮，多分枝，四棱形，被疏短毛。叶片对生，具柄，椭圆状卵圆形或椭圆状披针形，先端钝或急尖，基部圆形或楔形，边缘具圆齿，两面被毛，常皱缩不平；叶背散布黄褐色腺点。

花　序　轮伞花序具6花，密集成顶生的总状或圆锥花序，苞片披针形，花萼钟形，二唇形，上唇全缘，先端具3个小尖头，下唇深裂成2齿，齿三角形，锐尖；花冠淡红色至深蓝紫色，上唇长圆形，下唇3裂。

果　实　小坚果倒卵圆形，直径0.4毫米，黄褐色或黑色，光滑。

【识别要点】茎四方形，叶子皱巴，纹路清晰，叶子边缘有锯齿。植株高1米左右，主茎直立，在主茎上面会长出很多的分枝，分枝斜向上生长，茎上有短柔毛。

【习性与危害】一年生或越年生草本，种子繁殖。花期4—5月，果期6—7月。除新疆、西藏、青海、甘肃外，荔枝草在全国其他地方均有分布，一般生长在野外的田埂上，土质疏松肥沃的河滩上也有，为作物田常见阔叶杂草。

39. 宝盖草 *Lamium amplexicaule* L.

【别　名】接骨草、莲台夏枯草、佛座草、灯笼草

【形态特征】

幼　苗　子叶近圆形，先端微凹，中央有一小突尖，有长柄。下胚轴极发达，紫红色。初生叶对生，略呈肾形，先端钝圆，叶缘有圆锯齿，叶基心形。

　成　株　茎高10～30厘米，基部多分枝，有棱，具浅槽，常带紫红色、几无毛，中空。叶片对生，均圆形或肾形，先端圆，基部截形或截状阔楔形，边缘有圆齿或小裂，半抱茎，两面均生伏毛。

　花　序　花序轮伞状，有花6～10朵，花无柄，腋生，无苞片。花萼管状钟形，披针状锥形，边缘具缘毛。花冠紫红色或粉红色，外面被茸毛，冠筒细，基部无毛环，喉部扩张，上唇直立，长圆形，盔状，下唇3裂，中裂片扇形，先端深凹，侧裂片宽三角形。柱头2裂，针形。

果　实　小坚果长圆形，具3棱，顶端截形，褐黑色，有白色鳞片状凸起。

【识别要点】茎四棱形且中空，肾形叶对生后像古代贵族用的华盖。

【习性与危害】一年生或越年生草本，种子繁殖。花果期3—8月。宝盖草在华东、华北、华中、西南等地有分布，生于路旁、林缘、沼泽草地及宅旁等地，为夏收作物田间常见杂草。

五、大戟科

泽漆 *Euphorbia helioscopia* L.

【别　名】五凤草、五灯草、五朵云、猫儿眼草、眼疼花、漆茎、鹅脚板

【形态特征】

　　幼　苗　子叶椭圆形，先端钝圆，全缘，具短柄。初生叶对生，倒卵形，具小突尖，有一条中脉，具长柄。全株光滑无毛，体内含乳白色汁液。

　　成　株　茎直立或向斜上伸展，高10～30厘米，自基部分枝，圆柱状，通常无毛；叶互生，无柄或有短柄，呈倒卵状或匙形，叶缘中上部有细锯齿。

　　花　序　茎顶部有5枚轮生的叶状苞片。总花序顶生，总伞梗5枚，每伞梗再生3枚小伞梗；花小，无花被，单性，雌雄同序。

　　果　实　蒴果呈三棱状阔圆形，光滑，无毛。种子卵形，灰褐色，有网状凹陷。

【识别要点】叶片倒卵状或匙形，茎叶折断后流出乳白色汁液，茎顶部有5枚轮生的叶状苞片；总花序顶生，总伞梗5枚，每伞梗再生3枚小伞梗。

【习性与危害】一年生或越年生草本，种子繁殖。花果期4—10月。除新疆、西藏外，泽漆在全国其他地方均有分布，生于山坡、湿地、田埂等处，主要危害小麦、棉花、豆类、薯类、蔬菜等。

41. 地锦草 *Euphorbia humifusa* Willd.

【别　名】红丝草

【形态特征】

　　幼　苗　平卧地面，茎红色，折断流出乳白色汁液。子叶长圆形，具短柄，无毛；初生叶2片，倒卵状椭圆形，无毛，具柄。

　　成　株　茎纤细、匍匐、长10～30厘米，呈叉状分枝，表面带紫红色，折断有白色乳汁。单叶对生，淡粉色叶柄短；叶片椭圆形，先端有细锯齿。

　　花　序　花序单生于叶腋，花单性，雌雄同序；总苞倒圆锥形，浅红色，顶端4裂。

　　果　实　蒴果三棱状球形，表面光滑；种子倒卵形，褐色，有蜡粉。

　　【识别要点】匍匐草本。茎叶折断有乳白色汁液。

　　【习性与危害】一年生伏地草本，种子繁殖。花果期6—10月。地锦草分布几乎遍及全国各地，常混生于农田，主要危害小麦、棉花、豆类、蔬菜等。

六、蓼 科

42. 齿果酸模 *Rumex dentatus* L.

【别　名】土大黄、齿果羊蹄、野甜菜

【形态特征】

　　幼　苗　子叶卵形，具长柄。初生叶1片，阔卵形，具长柄，表面有红色斑点。托叶鞘膜质，杯形。

　　成　株　株高30～80厘米。茎直立，多分枝，枝斜上，具沟纹，无毛。基生叶长圆形或长椭圆形，有长柄，具波状边缘；茎生叶小，具短柄；托叶鞘膜质，筒状。

　　花　序　圆锥花序顶生，花簇呈轮状排列，花序上有叶。外花被片6片，椭圆形，成2轮；内花被片果时增大，有明显的网纹，全部有瘤状凸起。雄蕊6枚；柱头3裂。

果　实　瘦果卵形，具3锐棱，褐色，有光泽。

【识别要点】幼苗表面有红色斑点；花被片表面有瘤状凸起。

【习性与危害】一年生或多年生草本，以种子繁殖为主。花果期5—7月。齿果酸模分布于华北、西北、华东、华中和四川、贵州、云南等地，适生于田园、路边及荒地，主要危害小麦、油菜、蔬菜等作物。

43. 酸模叶蓼 *Persicaria lapathifolia* L.

【别　名】水红花、大马蓼、旱苗蓼、班蓼、柳叶蓼

【形态特征】

幼　苗　下胚轴发达，深红色。子叶长卵形，叶背紫红色；初生叶1片，长椭圆形；叶上面具黑斑，叶背被绵毛。

成　株　茎直立，高30～100厘米，粗壮，上部多分枝，节部膨大。叶互生，具柄；叶片披针形或宽披针形，叶面常有黑褐色新月形斑块。

花　序　穗状花序顶生或腋生，长圆柱状，数个排列成圆锥状；花被4深裂，裂片椭圆形，淡红色或白色。

果　实　瘦果卵圆，扁平，两面微凹，黑褐色。

【识别要点】节部膨大；叶片披针形或宽披针形，叶面常有黑褐色新月形斑块。

【习性与危害】一年生草本，种子繁殖。花果期4—9月。酸模叶蓼分布于全国各地，生于低湿处和水边，危害小麦、油菜等作物。

44. 皱叶酸模 *Rumex crispus* L.

【别　名】羊蹄叶、土大黄

【形态特征】

成　株　根粗壮，黄褐色。茎直立，高40～120厘米，通常不分枝。基生叶披针形或长圆状披针形，长10～25厘米、宽2～5厘米，基部楔形，边缘皱波状；茎生叶向上渐小，披针形，具短柄；叶柄长3～10厘米；托叶鞘筒状，膜质、易破。

花　序　圆锥状花序狭长，花簇轮生。花两性，淡绿色，花梗细，中下部关节果时稍膨大。花被片6片，成2轮；内花被片果期增大，宽卵形，基部呈心形，边缘近全缘，有网纹，全部具小瘤。

果　实　瘦果卵形，具3锐棱，暗褐色，有光泽。

【识别要点】叶片似牛舌、牛耳朵，边缘皱波状；根外形肥大粗壮像萝卜，外皮粗糙多分叉形似羊蹄。

【习性与危害】多年生草本，种子及根芽繁殖。花果期5—7月。皱叶酸模分布于东北、华北、西北和山东、河南、湖北、四川、贵州、云南等地，常生于潮湿田块、沟边湿地等。

45. 杠板归 *Persicaria perfoliata* L.

【别　名】犁头刺、蛇倒退

【形态特征】

　　幼　苗　子叶2片，长圆形或长椭圆形，具长柄。初生叶1片，呈三角形。

　　成　株　茎细长，具纵棱，沿棱有稀疏的倒生钩刺。节略膨大，断面纤维性，黄白色，有髓或中空。叶互生，叶柄与叶片长度相近，叶片多皱缩，展平后呈三角形，灰绿色至红棕色，叶背沿叶脉具倒生钩刺；托叶鞘叶状，近圆形，包于茎节上或脱落。

　　花　序　总状花序呈短穗状，序顶生或腋生；苞片卵圆形，每苞片内具花2～4朵；花被5深裂，白色或淡红色，花被片椭圆形，结果时增大，呈肉质，成熟时为深蓝色。

　　果　实　瘦果球形，直径3～4毫米，深蓝色或黑色，有光泽。

【识别要点】叶子三角形，茎表面红色，上面有毛刺；果实蓝色，与蜻蜓的头尤为相似。

【习性与危害】一年生蔓性草本，种子繁殖。花果期6—10月。杠板归分布于吉林、河北、陕西、山东、江苏、浙江、江西、安徽、湖南、湖北、广东、福建、云南等地，常生于沟边湿地或灌木丛中，有时侵入农田，对小麦、低湿地大豆危害较重。

46. 红蓼 *Persicaria orientalis* Linn.

【别　名】红草、大红蓼、东方蓼、大毛蓼

【形态特征】

幼　苗　幼苗除子叶和下胚轴外，全体密生柔毛。下胚轴极发达，紫红色；上胚轴不发达，绿色，被长柔毛。子叶带状弓形，长3厘米、宽2.5毫米，有1条中脉，叶基连合成筒状，无叶柄；初生叶1片，卵形，先端渐尖，叶基楔形，叶缘具睫毛，有长柄，托叶鞘筒状，先端有草质的环状翅，表面被毛；后生叶与初生叶相似。

成　株　茎粗壮直立，高可达2米。叶互生，具长柄；叶片宽卵形、宽椭圆形或卵状披针形，顶端渐尖，基部圆形或近心形，全缘，两面密生短柔毛；叶脉上密生长柔毛；叶柄长柔毛；托叶鞘筒状，膜质。

花　序　总状花序呈穗状，顶生或腋生，花紧密，微下垂；苞片宽漏斗状，草质，绿色；花被淡红色，5深裂；花被片椭圆形，花盘明显。

果　实　瘦果近圆形，扁平，两面微凹，先端具小柱状凸起，黑褐色、有光泽。

【识别要点】全体密生柔毛；大片群体生长，红色总状花序呈穗状，大而美丽。

【习性与危害】一年生草本植物，种子繁殖。花果期6—10月。红蓼广布于全国各地，喜水又耐干旱，常生于沟边、路旁、荒地或河滩湿地，往往成片生长，为常见的秋收作物田杂草。

七、莎草科

47. 异型莎草 *Cyperus difformis* L.

【别　名】球穗碱草、球花碱草

【形态特征】

幼　苗　第一片真叶线状披针形，具有3条较明显直出平行脉，平滑，黄绿色。叶片横剖面里三角叶肉中有2个气腔；叶片与叶鞘分界不明显；叶鞘半透明膜质，有脉11条，3条显著。

成　株　秆丛生，高5～60厘米，扁三棱形，平滑。叶基生，短于秆，条形，平张或折合，叶正面中脉处具纵沟，背面突出成脊。

花　序　叶状苞片2～3片，长于花序。长侧枝聚伞花序简单或复出，具3～9个辐射枝，辐射枝长短不等，穗于花序伞梗末端密集成头状；小穗披针形或条状披针形，具8～20朵花；小穗轴具狭膜质翅；鳞片排列稍松，膜质，近扁圆形，3条脉不明显。

果　实　小坚果倒卵状椭圆形，有3棱，与鳞片等长，淡黄色。

【识别要点】叶状苞片2～3片，长于花序；长侧枝聚伞花序。

【习性与危害】一年生草本，种子繁殖。花果期7—10月，子实极多，成熟后即脱落。异型莎草分布于我国大部分地区，适生于稻田中或水边潮湿处，是稻田恶性杂草之一。

48. 碎米莎草 *Cyperus iria* L.

【别　名】三方草

【形态特征】

幼　苗　第一片真叶条状披针形，边缘波状，具有3条明显平行脉，在各纵脉间有明显的横脉，由此构成方格状叶脉，平滑，黄绿色；叶鞘膜质半透明状。

成　株　秆丛生，直立，高20～90厘米，扁三棱形，全株无毛。叶基生，短于秆，平张或折合；叶鞘红棕色或棕紫色，抱茎。

花　序　叶状苞片3～5片，下部2～3片长于花序。长侧枝聚伞花序复出，具4～9个辐射枝，每枝具5～10个穗状花序；穗状花序卵形或长圆状卵形，具5～21个小穗；小穗排列松散，长圆形、披针形或线状披针形，具5～22朵花；鳞片排列疏松，淡黄色，膜质，宽倒卵形。

　果　实　小坚果倒卵形或椭圆形，有3棱，褐色，具密的微凸起细点。

【识别要点】叶状苞片3～5片，下部2～3片长于花序；长侧枝聚伞花序，每个辐射枝具5～10个穗状花序，小穗鳞片淡黄色。

【习性与危害】一年生草本，种子繁殖。花果期6—10月。碎米莎草分布于我国大部分地区，适生于稻田、路边及荒地，是稻麦田常见杂草之一。

49. 扁秆荆三棱 *Bolboschoenus planiculmis* F. Schmidt

【别　名】三棱草

【形态特征】

幼　苗　全株光滑无毛，第一片真叶针状，横剖面近圆形，叶鞘边缘有膜质翅；第二片真叶横剖面上可见2个大气腔，近圆形；第三片真叶横剖面呈三角形。

成　株　具匍匐根状茎和块茎。秆直立，高60～100厘米，一般较细，三棱形，平滑，靠近花序部分粗糙，基部膨大。叶基生和秆生，条形，宽2～5毫米，向先端渐狭，基部具长叶鞘。

花　序　聚伞花序头状。苞片1～3片，叶状，通常长于花序，边缘粗糙；有小穗1～6个，小穗卵形或长圆状卵形，先端或多或少缺刻状撕裂，具芒；雄蕊3枚；柱头2裂。

果　实　小坚果倒卵形或宽倒卵形，扁，两面稍凹或稍凸，长3～3.5毫米，灰白色至褐色。

【识别要点】第二片真叶

横剖面有2个大气腔；秆较细，三棱柱形，平滑，基部膨大。

【习性与危害】多年生草本，块茎和种子繁殖。花果期5—9月。扁秆藨草分布于全国各地，常生长于湿地、河岸、沼泽等处，入侵水稻田，为稻田主要恶性杂草之一。

50. 牛毛毡 *Eleocharis yokoscensis*（Franch.et Sav.）Tang et Wang

【别　名】松毛蔺、牛毛草、绒毛头

【形态特征】

　幼　苗　第一片真叶细针状，横切面圆形，具2个大气腔，叶鞘膜薄而透明；第二片真叶与第一片相似。

　成　株　具纤细匍匐茎，色白。秆密丛生，细如牛毛，密集如毡，高2～12厘米。叶退化成鳞片状，在茎基部2～3厘米处具膜质叶鞘，管状，淡红色或微红色。

　花　序　穗状花序，顶生，小穗呈狭卵形，淡紫色，花数朵。鳞片膜质，卵形，浅绿色；下位刚毛1～4根，长约为果实2倍，上有倒刺。柱头3裂，有褐色小点，雄蕊3枚，雌蕊1枚。

果　实　小坚果狭长圆形，无棱，淡黄色或苍白色，表生隆起横长方形网纹。

【识别要点】第一片真叶横切面有2个大气腔；秆细如毛发，密丛生如牛毛毡，蔓延速度极快。

【习性与危害】多年生湿生性草本，根茎和种子繁殖。花果期6—9月。牛毛毡分布于全国各地，多生长在水田中、池塘边，或湿黏土中，部分水稻田受害较重。

51. 日照飘拂草 *Fimbristylis miliacea*（L.）Vahl

【别　名】笐帚草、鹅草、水虱草

【形态特征】

幼　苗　全株光滑无毛，叶片狭条形，叶鞘侧扁，无叶舌。

成　株　秆丛生，直立或斜上，高10～60厘米，扁四棱形。叶片狭条形，边缘粗糙；叶鞘侧扁，背面呈锐龙骨状，前面具膜质、锈色的边；无叶舌；秆基部常有1～3个无叶片的叶鞘，鞘口斜裂，向上渐狭窄，有时成刚毛状，长3.5～9厘米。

花　序　苞片3～4枚，刚毛状，短于花序。长侧枝聚伞花序复出或多次复出，辐射枝3～6个，细而粗糙；小穗单生于辐射枝顶端，球形或近球形，长1.5～5毫米、宽1.5～2毫米；鳞片膜质，卵形，顶端极钝，锈色，具白色狭边，背面具龙骨状凸起，具有3条脉，沿侧脉处深褐色，中脉绿色；雄蕊2枚，花药长圆形，顶端钝；花柱三棱形，基部稍膨大，无缘毛，柱头3裂。

果　实　小坚果倒卵形，有三钝棱，麦秆黄色，具疣状凸起和横长圆形网纹。

【识别要点】秆丛生，扁四棱形，基部有1～3个无叶片的叶鞘，叶片狭条形；长侧枝聚伞花序复出或多次复出；小穗球形。

【习性与危害】一年生草本，种子繁殖。花果期7—10月。日照飘拂草分布于华东、华南、西南及河北、河南、湖北、陕西等地，为水稻田边和稻田中常见的杂草，部分水稻田受害较重。

52. 香附子 *Cyperus rotundus* L.

【别　名】香头草、梭梭草、金门莎草、回头青、雀头香、雷公头

【形态特征】

幼　苗　第一片真叶条状披针形，有明显平行脉5条，叶片横剖面呈V形；第二、三片真叶与第一片叶相似，第三片真叶具10条平行脉。

　　成　株　具匍匐状根茎和块茎。秆直立，散生，高20～95厘米，有3锐棱。叶基生，短于秆；叶鞘基部棕色。

　　花　序　叶状苞片3～5片，下部2～3片长于花序。长侧枝聚伞花序简单或复出，有3～6个辐射枝，每枝有3～10个小穗；小穗斜展，条形，具8～28朵花；小穗轴具白色透明较宽的翅；鳞片稍密覆瓦状排列，卵形或长圆状卵形，中间绿色，两侧紫红或红棕色；雄蕊3枚，花药线形；花柱长，柱头3裂。

　　果　实　小坚果三棱状倒卵形，暗褐色，具细点。

　　【识别要点】横生根茎细长，顶端膨大成块；秆具3锐棱。

　　【习性与危害】多年生草本，种子及块茎繁殖。花果期6—10月。香附子广泛分布于陕西、甘肃和华北、华东、华南、西南等地，多生于山坡荒地、果园、茶园、农田或水边潮湿处，危害部分旱田作物及水稻。

八、十字花科

53. 独行菜 *Lepidium apetalum* Willd

【别　名】麦秸菜、辣辣根、麻麻菜

【形态特征】

　　幼　苗　子叶椭圆形，先端钝尖，叶基楔形，具长柄；初生叶2片，对生，叶片掌状3～4浅裂，叶基阔楔形，具长柄；后生叶互生，叶片掌状5浅裂，其他与初生叶相似。幼苗全株光滑无毛。

　　成　株　茎直立，基部多分枝，高10～30厘米，具微小头状毛。基生叶丛生，具长柄，叶片窄匙形，羽状浅裂或深裂；茎生叶互生，无柄，披针形至线形，有疏齿或全缘。

　　花　序　总状花序顶生，花极小；萼片卵形，早落；花瓣退化成丝状，比萼片短；雄蕊2或4枚。

　　果　实　短角果近圆形或宽椭圆形，扁平，顶端微缺，上部有短翅。种子倒卵状椭圆形，平滑，棕红色。

　　【识别要点】幼苗莲座状，全株光滑无毛，基生叶

窄匙形，羽状浅裂或深裂；抽薹后总状花序，花极小，花瓣退化成丝状。

【习性与危害】一年生或越年生草本，种子繁殖。花果期4—9月。独行菜分布于东北、华北、西北、西南和江苏、浙江、安徽等地，生于山坡、山沟、路旁及村庄附近，是麦田、菜地、果园的常见杂草，部分麦田受害较重。

54. 播娘蒿 *Descurainia sophia* (L.) Schur

【别　名】米蒿、大蒜芥、麦蒿

【形态特征】

　　幼　苗　子叶呈长椭圆形。初生叶2片，叶片3～5裂。上胚轴与下胚轴均不发达。后生叶互生，2回羽状深裂。

　　成　株　茎直立，圆柱形，高30～120厘米，上部分枝，全体有叉状毛。叶互生，茎下部叶有柄，向上叶柄逐渐缩短或近于无柄；叶片2～3回羽状深裂，最终裂片呈矩圆形或矩圆状披针形。

花　序　总状花序顶生，萼片直立呈长圆条形；花瓣4瓣，呈淡黄色。

果　实　长角果呈窄条形，向斜上方展开，成熟后开裂。种子长圆形至近卵形，黄褐色。

【识别要点】初生叶为羽状裂叶；总状花序顶生，长角果呈窄条形，向斜上方展开。

【习性与危害】一年生或越年生草本，种子繁殖。花果期4—6月。播娘蒿分布于华北、西北、华东和四川等地，生于农田、渠边、路旁，危害小麦、油菜等作物。

55. 碎米荠 *Cardamine hirsuta* Linn.

【别　名】野荠菜、碎米芥

【形态特征】

幼　苗　子叶近卵圆形，具长柄。下胚轴不发达，上胚轴不发育。初生叶1片，三角形卵状，全缘，具长柄。

　成　株　茎直立或斜生，高15～30厘米，下部有时带淡紫色和白色粗毛。叶为奇数羽状复叶，基生叶与茎下部有叶柄，顶生小叶肾形或肾圆形，侧生小叶卵形或圆形，稍小；茎上部叶有短柄，顶生小叶菱状长卵形，侧生小叶长卵形至线形；所有叶片两面都有稀疏柔毛。

　花　序　总状花序顶生，花序轴不左右弯曲，花梗纤细，萼片长椭圆形，边缘膜质；花瓣为白色，倒卵形。

　果　实　长角果，线形，稍扁，果瓣开裂，果梗纤细。

【识别要点】顶生小叶菱状长卵形，侧生小叶长卵形至线形；花序轴不弯曲，以此区别于弯曲碎米荠。

【习性与危害】一年生或越年生草本，种子繁殖。花果期4—6月。碎米荠分布于长江流域及以南地区，多生于低湿地，在麦田与水稻田都有发现，均可造成危害。

56. 荠菜 *Capsella bursa-pastoris*（Linn.）Medic.

【别　名】护生草、地菜、地米菜、菱闸菜

【形态特征】

　幼　苗　子叶椭圆形，无毛。初生叶2片，卵状，灰绿色，具柄。叶片及叶柄均被分枝毛。上下胚轴均不发达。

　成　株　茎直立，高20～50厘米。基生叶呈莲座状，平铺地面，叶片长圆形，大头羽状分裂，叶柄有狭翅；茎生叶长圆形或披针形，基部抱茎，叶缘有锯齿或缺刻。

　花　序　总状花序顶生或腋生，初呈伞房状；花较小，萼片为长卵形，花瓣4瓣，白色，倒卵形，较萼片稍长。

　果　实　短角果，倒三角状或倒心形，扁平，果瓣无毛。种子长圆形，黄色至黄褐色。

【识别要点】基生叶呈莲座状；短角果倒三角状或倒心形。

【习性与危害】一年生或越年生草本，种子繁殖。花果期3—6月。荠菜分布于全国各地，生于山坡、田边等较为湿润处，危害小麦、油菜、蔬菜等作物，为蚜虫的寄主。

57. 蔊菜 *Rorippa indica* (L.) Hiern.

【别　名】印度蔊菜

【形态特征】

成　株　茎直立，高15～50厘米，较粗壮，有时带紫色。叶片形状较多变，基生叶及茎下部羽状分裂，叶有柄，顶生裂片大，卵状披针形，边缘具不整齐牙齿，侧生裂片较小；茎上部叶片渐小，无柄，多为长圆形。

花　序　总状花序顶生；花较小，花瓣4瓣，萼片呈卵状长圆形；花瓣为黄色，与萼片等长。

果　实　长角果，圆柱形或长圆状棒形，果梗纤细，一般向斜上方开展。

【识别要点】茎直立紫色；黄色花较小；长角果长圆状棒形，稍弯曲。

【习性与危害】一年生或越年生草本，种子繁殖。花果期4—

8月。蔊菜分布于江苏、浙江、福建、湖南、湖北、四川、云南等地，多生于地边、路旁等较为湿润处，主要危害小麦、蔬菜、薯类等作物。

58. 诸葛菜 *Orychophragmus violaceus* (L.) O. E. Schulz

【别　名】二月蓝、菜子花、紫金草

【形态特征】

幼　苗　初生叶（第一真叶）心形，先端浅凹，边缘锯齿，密被白色柔毛。

成　株　高10～50厘米，无毛。茎单一，直立，基部或上部稍有分枝，浅绿色或带紫色。基生叶及下部茎生叶大头羽状全裂，顶裂片近圆形或短卵形，顶端钝，基部心形，有钝齿，侧裂片2～6对，卵形或三角状卵形，越向下越小，偶在叶轴上杂有极小裂片，全缘或有牙齿，叶柄疏生细柔毛；上部叶长圆形或窄卵形，顶端急尖，基部耳状，抱茎，边缘有不整齐锯齿。

花　序　花紫色、浅红色或褪成白色；花梗长5～10毫米；花萼筒状，紫色，萼片长约3毫米；花瓣宽倒卵形，密生细脉纹，爪长3～6毫米。

果　实　长角果线形；具4棱，裂瓣有1凸出中脊，喙长1.5～2.5厘米；果梗长8～15毫米。种子卵形至长圆形，稍扁平，黑棕色，有纵条纹。

【识别要点】在早春开花，成片生长，花蓝紫色醒目。

【习性与危害】一年或越年生草本，种子繁殖。花果期3—6月。诸葛菜分布于辽宁、河北、山西、山东、河南、安徽、江苏、浙江、湖北、江西、陕西、甘肃、四川等地，生在平原、山地、路旁或地边，对土壤、光照等条件要求较低，耐寒旱，生命力强。

九、豆　科

含羞草 *Mimosa pudica* L.

【别　名】感应草、知羞草、呼喝草、怕丑草、见笑草、夫妻草、害羞草

【形态特征】

幼　苗　子叶2片，呈长圆形；初生叶1片，羽状复叶；次生叶为二回羽状复叶。

成　株　茎为圆柱状，多分枝，下部伏地，高可达1米，有刺毛及钩刺。羽状复叶，掌状排列，小叶多数，长圆形，边缘及叶脉有刺毛，触之闭合下垂。

花　序　头状花序，圆球形，有长总花梗，单生或2～3个生于叶腋；花为淡红色，花瓣4瓣。

果　实　荚果为长圆形，扁平，边缘有刺毛，有3～4荚。每荚1粒种子，成熟时节间脱落，荚缘宿存。

【识别要点】二回羽状复叶，掌状排列，触之闭合下垂。

【习性与危害】多年生半灌木状草本，种子繁殖。花果期3—11月。含羞草多分布于华东、华南和西南地区，生于旱地、荒地、道路两侧，偶见于麦田。

60. 合萌（田皂角）*Aeschynomene indica* L.

【别　名】镰刀草、水松柏、水槐子、水通草

【形态特征】

幼　苗　出土萌发。子叶椭圆形，微弯，全缘，具短柄；初生叶为偶数一回羽状复叶，小叶片8～10片，椭圆形，先端凸尖，全缘，具短柄；后生叶与初生叶相似。幼苗全株光滑无毛。

成　株　茎直立，圆柱形，中空，高30～100厘米，无毛多

分枝。叶互生，偶数羽状复叶；托叶膜质，卵形或披针形，通常有缺刻或啮蚀状；小叶近无柄，薄纸质，线状长圆形，排列紧凑，先端具短尖头，全缘。

花　序　总状花序腋生，膜质苞片，卵状披针形；蝶形花冠，黄色，具紫色的纵脉纹；旗瓣大，圆形；翼瓣篦状；龙骨瓣比旗瓣稍短，弯曲而略有喙。

果　实　荚果线状长圆形，微弯。种子肾形，黑褐色而有光泽。

【识别要点】小叶片比田菁排列更细密。

【习性与危害】一年生草本，亚灌木状，种子繁殖。花

果期7—10月。合萌分布于华东、华中、华南、东北及河北、陕西等地，生于潮湿地或水边，为水稻田、部分旱地中杂草。

61. 大巢菜 *Vicia sativa* L.

【别　名】救荒野豌豆、薇菜、野豌豆、野毛豆、雀雀豆

【形态特征】

幼　苗　子叶不出土，初生叶鳞片状，第一、二羽状复叶有小叶1～2对，狭椭圆形，有短睫毛，具短柄。

成　株　茎斜生或攀援，自基部分枝，长25～70厘米，具棱，被微柔毛。叶互生，偶数羽状复叶，椭圆形或倒卵形，顶端小叶卷须状，托叶戟形；叶片疏生黄色柔毛。

花　序　总状花序腋生，蝶形花1～2个。花冠深紫色或玫红色；花梗短，有黄色疏短毛；花萼钟状，萼齿5枚，有白色疏短毛。

果　实　荚果条形，扁平。种子近球形。

【识别要点】初生叶鳞片状，侧枝叶为羽状复叶，叶子顶端小叶卷须状；花冠紫色，果实像小豌豆。

【习性与危害】一年生或越年生草本，种子繁殖。花果期3—6月。大巢菜在我国大部分地区均有分布，尤以长江以南、南岭以北区域为重发区，是夏熟作物田杂草，也是麦田常见杂草。

62. 田菁 *Sesbania cannabina*（Retz.）Poir.

【别　名】碱青、涝豆、叶顶株

【形态特征】

幼　苗　幼枝疏被白色绢毛，后秃净，折断有白色黏液。

成　株　高1～2米。根粗壮，并着生根瘤。茎直立、圆柱形，上部多分枝，呈绿色，有时带褐、红色，微被白粉，有不明显淡绿色线纹。幼枝疏被白色绢毛，折断有白色黏液。偶数羽状复叶，小叶20～40对，线状长圆形，上面无毛，下面幼时疏被绢毛，两面被紫色小腺点，下面尤密。

花　序　总状花序蝶形，黄色。花萼斜钟状，无毛，萼齿近三角形，先端锐齿，内面边缘具白色细长曲柔毛；花冠黄色，旗瓣横椭圆形至近圆形，先端微凹至圆形，基部近圆形，外面散生大小不等的紫黑点和线。

果　实　荚果细长，长圆柱形，微弯，内含种子25～30粒，种子间具横隔条形。种子圆柱状，黄绿色，表面有光泽，种脐圆形，稍偏于一端。

【识别要点】茎直立圆柱形，上部多分枝，偶数羽状复叶，叶初生时有茸毛；花黄色，有紫色斑或点。

【习性与危害】一年生亚灌木状草本，种子繁殖。花果期7—12月。田菁分布于浙江、江苏、江西、福建、广西、云南、海南等地，适应性强，耐盐、耐涝、耐瘠、耐旱，常生于水田、水沟等潮湿低地。

63. 白车轴草 *Trifolium repens* L.

【别　名】白三叶、白花三叶草、车轴草

【形态特征】

幼　苗　无直立的茎，幼苗在6～8周大的时候始形成匍匐茎，并在匍匐茎节上生根。叶椭圆形。

成　株　高10～30厘米，全株无毛。主根短，侧根和须根较发达。茎匍匐蔓生，节上生根。掌状三出复叶，互生，小叶倒卵形或倒心形，顶端圆或微凹，基部宽楔形，边缘有细齿，叶面中央有V形白斑；叶柄细长直立，微被柔毛；托叶椭圆形，顶端尖，膜质，抱茎。

花　序　头状花序，顶生，具花20～50朵，密集；总花梗长于叶柄近1倍，生于匍匐茎上；花萼钟形，萼齿5枚，披针形，短于萼筒；花冠白色或淡红色，具香气。

果　实　荚果倒卵状矩形。种子阔卵形，黄褐色，通常2～4粒。

【识别要点】茎匍匐，托叶椭圆形抱茎；掌状三出复叶，叶面有V形白斑。

【习性与危害】多年生草本，种子和匍匐茎繁殖。花果期5—10月。白车轴草原产于欧洲，我国东北、华北、华东和西南曾引种，后逸为野生，在田埂、路旁、水边、农田中常见。

64. 小苜蓿 *Medicago minima*（L.）Grufb.

【别　名】野苜蓿、破鞋底

【形态特征】

成　株　茎基部分枝，高20～40厘米，全株被白色柔毛。茎铺散，平卧并上升，基部多分枝羽状三出复叶。小叶倒卵形，几等大，先端圆或凹缺，具细尖，基部楔形，边缘具锯齿，两面均被毛，叶柄细弱；托叶斜卵形，先端锐尖，基部圆形，基部具锯齿。

　　花　序　头状花序，具花1～8朵，花序梗较短。花萼钟形，被柔毛，萼齿5枚，披针形，不等长，与萼筒等长或稍长；花冠淡黄色。

　　果　实　荚果盘曲成球形，边缝具3条棱，被长刺，刺端钩状。种子长肾形，长1.5～2毫米，黄褐色，平滑。

　　【识别要点】后生叶三出复叶，小叶倒卵形；荚果盘曲成球形，边缝3条棱，被长刺，刺端钩状。

　　【习性与危害】一年生或越年生草本，种子繁殖。花果期3—5月。小苜蓿分布于陕西、山西、河南、湖北、四川、江苏等地，生于沙地、荒地及农田边。

十、玄参科

65. 婆婆纳 *Veronica didyma* Tenore

【别　名】双肾草

【形态特征】

幼　苗　子叶卵形，柄与叶近等长。下胚轴较发达，略带紫色。初生叶2片，三角状卵形，柄有白色柔毛。

成　株　植株自基部分枝，下部伏生于地面，向斜上方生长，有长柔毛，茎高10～25厘米。叶对生，具短柄；叶片为心形至卵圆形，边缘有深切钝齿，两面均有白色长柔毛。

花　序　总状花序顶生。苞片互生，与叶同形，花单生于苞片叶腋，花梗短于苞片；花萼4裂，裂片卵状，被柔毛；花冠淡紫色、蓝色、粉红色或白色，长4～5毫米，裂片圆形至卵形；雄蕊短于花冠。

果　实　蒴果近肾形，稍扁，裂为二部，裂片顶端圆。种子卵形，腹面深凹呈小瓢状，有波状纵皱纹。

【识别要点】区别于直立婆婆纳，茎为匍匐状；较阿拉伯婆婆纳，花冠颜色更多、略小，花梗略短于苞片。

【习性与危害】一年生或越年生草本，种子繁殖。花果期3—10月。婆婆纳分布于华东、华中、西北、西南和河北等地，生于农田或路旁，主要危害小麦、大豆、油菜、蔬菜等作物，也是蚜虫的寄主。

66. 阿拉伯婆婆纳 *Veronica persica* Poir.

【别　名】波斯婆婆纳、台北水苦荬

【形态特征】

　　幼　苗　子叶阔卵形，具长柄，无毛。上下胚轴均发达，密被斜垂弯毛。初生叶2片，对生，卵状三角形，缘具2～3个粗锯齿和短睫毛，具长柄。

　　成　株　全株有柔毛。植株自基部分枝，下部伏生于地面，向斜上方生长，茎高10～45厘米。基部叶对生，上部叶互生，叶片为卵圆形或长圆形，边缘有钝齿，下部的叶常有柄，上部的叶无柄。

花　序　花序顶生。苞片互生，与叶同形，花单生于苞片叶腋，花梗长于苞片；花萼4裂，裂片卵状披针形；花冠一般为蓝色或紫色，有深色脉纹，长4～6毫米，裂片卵形至圆形；雄蕊短于花冠。

果　实　蒴果肾形，宽大于长，有网纹，有腺毛，成熟后几近无毛。种子椭圆形，黄色，腹面深凹陷，表面有颗粒状凸起。

【识别要点】区别于直立婆婆纳，茎为匍匐状；花多为蓝色，较婆婆纳更大。

【习性与危害】一年生或越年生草本，种子繁殖。花果期3—5月。阿拉伯婆婆纳原产于亚洲西部及欧洲，分布于华东、华中及贵州、云南、西藏东部及新疆（伊宁）等地，生于农田、路旁、荒地，在长江沿岸及以南的西南地区发生较多，尤其是长江中下

游沿岸地区，有时成为优势种群，危害较重，常见于麦田、果园、苗圃，也是蚜虫的寄主。

67. 陌上菜 *Lindernia procumbens*（Krock.）Philcox

【别　名】母草

【形态特征】

幼　苗　子叶呈卵状披针形，有1条明显中脉，有短柄。上下胚轴均不发达。初生叶2片，对生，卵状，具叶柄；后生叶椭圆形，有3条弧形脉，具叶柄。

成　株　茎直立，方形，高5～20厘米，基部多分枝，直立或倾斜，无毛。叶对生，无叶柄，叶片呈长椭圆形或倒卵状长圆形，全缘或有不明显锯齿，两面无毛，稍有光泽，有3～5条并行脉。

花　序　花单生于叶腋，花梗纤细，比叶长。花萼5深裂，裂片呈线状披针形；花冠为粉红色或紫色，二唇形，上唇短而直立，下唇长而平展。

果　实　蒴果卵圆形或椭圆形，与花萼等长，室间2裂。种子长圆形，淡黄色，有格纹。

【识别要点】茎直立方形；花单生于叶腋，花梗纤细比叶长。

【习性与危害】一年生草本，种子繁殖。花果期7—11月。陌上菜分布于全国各地，生于田埂、沼泽及潮湿处，是水稻田较为常见的杂草，发生量大，危害较重。

68. 水苦荬 *Veronica undulata* Wall.

【别　名】水莴苣、水菠菜、芒种草

【形态特征】

幼　苗　子叶2片，卵圆形，具短柄。下胚轴很短，上胚轴不发达。初生叶2片，对生，椭圆状长圆形，中脉明显，具长柄；后生叶椭圆形。

成　株　茎直立或基部倾斜，高15～60厘米，无毛。叶对生，无柄；叶片多为长圆状披针形或披针形，叶缘有锯齿。

花　序　为稀疏的总状花序，腋生。花梗平展，与花轴近乎垂直；苞片呈宽线形，短于或等长于花梗；花萼4深裂，有稀疏腺毛；花冠为白色或淡蓝紫色，直径为5厘米，雄蕊2枚。

果　实　蒴果圆形，有稀疏腺毛，绿色，有小凸尖。

【识别要点】植株较北水苦荬稍矮。花梗平展，与花轴近乎垂直。

【习性与危害】一年生或越年生草本，种子繁殖。花果期4—9月。水苦荬分布于全国各地，生于沼泽、水湿处，是常见于水稻田的杂草。

69. 通泉草 *Mazus japonicus*（Thunb.）O.Kuntze

【别　名】汤湿草、鹅肠草

【形态特征】

幼　苗　初生叶2片，单叶对生。幼苗全株除下胚轴外，均密生极微小的腺毛。

成　株　茎自基部分枝，直立或匍匐，高5～30厘米，茎带紫红色。基生叶多数，呈莲座状，倒卵状至匙形，顶端全缘有钝齿。

花　序　总状花序顶生，通常3～10朵，稀疏。花茎长，无叶或少叶；花萼钟形；花冠白色、紫色或蓝色，二唇形。

果　实　蒴果球形，稍露萼外。种子长圆形，淡黄色，细小。

【识别要点】基生叶呈莲座状；花茎长，总状花序顶生，花冠淡蓝紫色。

【习性与危害】一年生草本，种子繁殖。花果期4—10月。通泉草分布于全国各地，多生长于较湿润的农田、荒地、路旁等处，主要危害小麦、油菜、棉花、豆类等作物。

70. 蚊母草 *Veronica peregrina* Linn.

【别　名】接骨草、仙桃草、水蓑衣

【形态特征】

　幼　苗　子叶卵形，先端钝圆，全缘，叶基楔形，离基3出脉，具叶柄。下胚轴很明显，上胚轴不发达。初生叶2片，对生，单叶，叶片呈卵形，叶基阔楔形，无明显叶脉，具长柄；后生叶与初生叶相似。幼苗全株光滑无毛。

　成　株　茎直立，自基部多分枝，株高10～25厘米，全体无毛或疏生柔毛。叶无柄，下部的倒披针形，上部的长矩圆形，全缘或中上端有三角状锯齿。

　花　序　总状花序，长20厘米。苞片与叶同形而略小；花梗极短；花萼裂片长矩圆形至宽条形；花白色，略带淡红。

果　实　蒴果倒心形，明显侧扁。种子长圆形。

【识别要点】果实常因虫瘿而肥大。

【习性与危害】一年生草本，种子繁殖。花果期5—6月。蚊母草主要分布于我国华东地区，喜生于沟边、水田边及湿地等处，为稻田边常见杂草。

十一、伞形科

71. 野胡萝卜 *Daucus carota* L.

【别　名】鹤虱草

【形态特征】

　　幼　苗　子叶2片，近线形。初生叶1片具长柄，叶片3深裂，末回裂片线形；后生叶2回羽状全裂。下胚轴发达，淡紫红色。

　　成　株　全体有硬毛。直根肉质，淡红色或白色，有胡萝卜气味。茎直立，有纵棱，少分枝，高20～120厘米。复叶互生；

基生叶有长叶柄，叶片2～3回羽状全裂，末回裂片成条形或披针形；茎生叶叶柄较短，有叶鞘，叶片简化，末回裂片细长。

花　序　复伞形花序顶生。伞幅多数，苞片向下反折，呈叶状，羽状分裂，裂片线形；花为白色或淡紫色；花柄不等长。

果　实　双悬果长球形或椭球形，表面有刚毛和短钩刺。

【识别要点】全体有硬毛；直根肉质，淡红色或白色，有胡萝卜气味；果长球形或椭球形，表面有刚毛和短钩刺。

【习性与危害】越年生草本，种子繁殖。花果期5—8月。野胡萝卜分布于全国各地，生于山坡、溪边、田间，是夏、秋农田常见的杂草。

72. 水芹 Oenanthe javanica（Bl.）DC.

【别　名】水芹菜、野芹菜

【形态特征】

幼　苗　子叶卵形，具长柄。下胚轴发达，上胚轴不发育。初生叶1片，肾形，具长柄。

成　株　株高15～80厘米，平滑无毛。茎直立或基部匍匐。基生叶有柄，柄长达10厘米；基部鞘状，叶片三角形，1～3回羽状分裂，末回裂片卵形至菱状披针形，边缘有牙齿或圆齿状锯齿；茎上部叶片无柄，裂片形似基生叶裂片，较小。

花　序　复伞形花序顶生。花序梗长2～16厘米；伞辐6～16厘米，长1～3厘米，直立展开；花瓣倒卵形，白色，有小舌片1个；花柱直立或两侧分开，花柱基圆锥形。

果　实　果实四角状椭圆形或筒状长圆形，果棱显著隆起。

【识别要点】基生叶片三角形，1～3回羽状分裂，末回裂片卵形至菱状披针形，边缘有牙齿或圆齿状锯齿；复伞形花序顶生，白色小花。

【习性与危害】多年生草本，一般匍匐茎繁殖。花果期6—9月。水芹分布于全国各地，是水生宿根植物，生于低湿地或浅水中，为水稻田边极常见杂草，危害水稻等作物。

73. 蛇床 *Cnidium monnieri*（L.）Cuss.

【别　名】山胡萝卜、蛇米、蛇床子

【形态特征】

成　株　茎直立，多分枝，表面有深条棱，粗糙，高12～60

厘米。复叶互生，下部茎生叶有短叶柄，中部及上部茎生叶叶柄全部鞘状；叶片呈卵形或三角状卵形，第一回羽片有柄，第二回羽片有柄或无柄，末回裂片线形或线状披针形，具小尖头。

　　花　序　复伞形花序顶生。总苞片呈线形或线状披针形，边缘膜质；伞幅不等长，有棱；小总苞片线形，边缘有细睫毛；无萼齿；花瓣为白色，倒心形。

　　果　实　果实椭圆形，果棱呈宽翅状，棱槽内有油管，分生果横剖面近五角形。

　　【识别要点】茎直立光滑；2～3回羽状复叶；复伞形花序顶生。

　　【习性与危害】一年生草本，种子繁殖。花果期4—10月。蛇

床分布于全国各地，生于草地、河边湿地等处，是夏、秋农田常
见杂草。

74. 细叶旱芹 *Cyclospermum leptophyllum*（Pers.）Sprague ex Britton & P. Wilson

【别　名】细叶芹

【形态特征】

　成　株　高25～45厘米。茎多分枝，光滑。茎生叶多三出式
羽状多裂，裂片线形，长1～1.5厘米。

花　序　复伞形花序顶生或腋生，短梗。花柄不等长，无萼；花瓣白色，卵圆形。

果　实　果实圆形或卵圆形，分生果棱5条，圆钝。

【识别要点】第一片真叶长7 ~ 11厘米；花药白色。

【习性与危害】一年生草本，种子繁殖。花果期4—7月。细叶旱芹主要分布于浙江、江苏、湖北、广西及陕西等地，多生长于低、湿麦田，危害油菜、绿肥等作物。

十二、毛茛科

75. 石龙芮 *Ranunculus sceleratus* L.

【别　名】假芹菜、鬼见草

【形态特征】

　　幼　苗　子叶近圆形，无明显叶脉，具短柄。下胚轴短，上胚轴不发育。初生叶掌状3浅裂，具长柄。全株光滑无毛。

成　株　茎秆直立，粗壮，稍肉质，高10～45厘米，有分支。基生叶和下部叶，肾状圆形，3～5深裂，有长柄；茎生叶互生，中部叶有柄，3裂，最上部叶无柄或近无柄，分裂或不分裂。

花　序　聚伞花序，花小，花瓣5瓣，倒卵形，黄色。花托在果期伸长增大呈圆柱形，绿色。

果　实　瘦果宽卵形，极多，有近百枚，紧密排列在花托上，无毛。

【识别要点】子叶近圆形，全株光滑无毛；聚合果伸长增大呈绿色圆柱形，以此区别于毛茛。

【习性与危害】一年生或越年生草本，种子繁殖。花果期3—8月。石龙芮分布于全国各地，适生于湿地、沟边，为水田、菜地及路边常见杂草，是豌豆潜叶蝇、萝卜蚜的寄主。

76. 毛茛 *Ranunculus japonicus* Thunb.

【别　名】鸭脚板、野芹菜、山辣椒、毛芹菜、起泡菜
【形态特征】

成　株　须根多数簇生。茎直立，高30～70厘米，中空，上部具分枝，被伸展的柔毛。基生叶具长柄，叶片圆心形，基部心形，通常3深裂；顶生裂片宽卵圆形或菱形，3浅裂，侧裂片不等2裂，各裂片具疏锯齿；茎中部叶片线形，具短柄，上部叶无柄，3深裂或无裂；下部叶与基生叶相似，渐向上叶柄变短，叶片较小，3深裂，裂片披针形，有锯齿或再分裂。

花　序　聚伞花序具疏花，花直径1.5～2.2厘米。花梗长达8厘米，贴生柔毛；萼片5片，淡绿色，椭圆形，被白柔毛；花瓣5瓣，鲜黄色，倒卵状圆形；花托短小，无毛。

果　实　瘦果倒卵形，扁平，长2～2.5毫米，上部最宽处与

长近相等，边缘具棱；喙短直或外弯，长约0.5毫米。

【识别要点】毛茛与石龙芮外形相似，但毛茛植株较石龙芮高；两者果实差别较大，毛茛的聚合果近球形、毛刺状，而石龙芮的聚合果呈长圆形、柔和。

【习性与危害】多年生草本，种子繁殖。花果期4—9月。除西藏外，毛茛广布于我国各省份，生于低湿地、路旁或水边，部分稻田、麦田发生较重。

十三、泽泻科

【别　名】瓜皮草、凤梨草、线叶慈姑

【形态特征】

幼　苗　子叶针状。下胚轴明显，上胚轴不发育。初生叶1片，单叶，带状披针形，先端锐尖，有3条纵脉，与横脉构成网状脉；第二片叶呈线状倒披针形，纵脉较多。幼苗全株光滑无毛。

成　株　茎极短或无明显地上茎。叶基生，长条形或稀披针状，长10～20厘米、宽0.5～1厘米，光滑，顶端钝，基部鞘状，质厚，全缘，网脉明显。须根发达，白色，每0.5～0.8厘米有一横格，地下茎无隔膜，可与根区别。块茎着生在地下茎顶端，球形或扁球形，先端有喙状顶芽，顶芽基部生有2～3个侧芽。

花　序　疏总状花序，长2～10厘米，具花2～3轮。花葶直立，高10～35厘米；苞片长2～3毫米、宽约2毫米，椭圆形，膜质；花单性，外轮花被片绿色，倒卵形，长5～7毫米、宽3～5毫米，具条纹，宿存，内轮花被片白色，长1～1.5厘米、宽1～1.6厘米，圆形或扁圆形；雌花1朵，无梗，单生，生于下部；雄花2～5朵，具长细梗；花瓣3瓣，白色；心皮多数，集成圆球形。

果　实　瘦果宽倒卵形，两侧压扁，具翅，长3～5毫米、宽

2.5 ～ 3.5毫米；果喙自腹侧伸出，长1 ～ 1.5毫米。种子深褐色，长1.5毫米，像芝麻。

【识别要点】叶基生，条形，网脉明显；花葶直立，花白色，3瓣。

【习性与危害】一年生或多年生沼生草本，以球茎和种子繁殖。花果期6—10月。矮慈姑分布于华东、华南、西南各地，生于沼泽、水田、沟溪浅水处。带翅的瘦果可漂浮水面，随水流传播。

78. 慈姑 *Sagittaria trifolia* L.

【别　名】夏慈姑、藕姑、槎牙、茨菰、白地栗、剪刀草、燕尾草

【形态特征】

幼　苗　子叶针状。下胚轴发达，上胚轴不发育。初生叶1片，线状披针形，具方格状网脉；叶片戟形，全缘，叶柄较长，中空。

成　株　株高50～100厘米。茎有短缩茎、匍匐茎和球茎3种：短缩茎腋芽萌动成长为匍匐茎。匍匐茎在气温较高时其顶端窜出泥面，发叶生根成分株；在气温低时向深处生长，末端积累养分形成球茎可食用。球茎卵形，高3～5厘米，横截面直径3～4厘米，肉白色，顶端具有长顶芽。叶分沉水、浮水、挺水叶：沉水叶条形；浮水叶卵状椭圆形；挺水叶箭形，全长6～15厘米、宽4～10厘米，通常顶裂片与侧裂片近等长。叶柄基部渐宽，鞘状，边缘膜质，具横脉，或不明显，其长短随水深而异。

花　序　总状花序，雌雄异花，花白色，花萼、花瓣各3枚。花茎长15～45厘米。下部为雌花，具短梗；上部为雄花，具细长

梗。雄蕊多枚，心皮多数，集成球形。

果　实　瘦果斜倒卵形，长约4毫米、宽约3毫米，两侧压扁，具翅；果喙短，自腹侧斜上。种子褐色。

【识别要点】匍匐茎末端膨大成球形；挺水叶箭形，顶裂片与侧裂片近等长。

【习性与危害】多年生水生或沼生草本，以球茎和种子繁殖。花果期6—10月。慈姑分布于全国各地，生于湖泊、池塘、沼泽、沟渠、水田等水域，为水稻田常见杂草，部分稻田受害较重。

十四、茜草科

79. 猪殃殃 *Galium spurium* L.

【别　名】拉拉藤、锯锯藤、爬拉秧、活血草、八仙草

【形态特征】

幼　苗　子叶呈卵形，叶腋无芽，具长柄。上下胚轴均发达，带红色，四棱形，棱上生刺状毛。初生叶4片轮生，阔卵形，先端钝尖，基部宽楔形。

成　株　株蔓生或攀援状，茎四棱形，棱上、叶缘及叶背中脉具倒生的细刺。叶4～8片，轮生，几乎无柄；叶片条状倒披针形，叶片尖端有针状凸尖，基部渐狭。

花　序　聚伞花序，腋生或顶生，花3～10朵。花冠较小、辐射状，呈黄绿色；花裂片长圆形，长度短于1毫米。

果　实　球形小坚果，密生钩毛，果柄直立。

【识别要点】茎四棱形，叶片轮生；棱上、叶背中脉及叶缘均有倒生细刺。

【习性与危害】一年生或越年生蔓生或攀附状草本，种子繁殖。花果期4—6月。猪殃殃分布范围北至辽宁，南至两广，主要分布于黄河以南各省份，在长江流域稻麦区发生危害尤为严重，是攀援植物，可引起作物倒伏，危害麦类、油菜等作物。

十五、千屈菜科

【别　名】水马齿苋、水酱瓣、红茎鼠耳草、碌耳草、水马兰、节节草、印度小圆叶

【形态特征】

幼　苗　子叶匙状椭圆形。初生叶具1条脉，无柄；后生叶椭圆形，出现羽状叶脉。

成　株　茎披散或近直立，有或无分枝，高10～15厘米，常有4棱，基部常匍匐；叶对

生，无柄或近无柄，多为倒卵状椭圆形或矩圆状倒卵形，背脉明显，边缘为软骨质。

花　序　穗状花序腋生。苞片呈长圆状倒卵形，叶状，小苞片2片，呈线状披针形；萼筒呈钟状，膜质；花瓣4瓣，极小，倒卵形，多为淡红色。

果　实　蒴果椭圆形，具横条纹。种子狭长卵形，极小、无翅。

【识别要点】茎常四棱形；叶对生，背脉突出。

【习性与危害】一年生小草本，匍匐茎和种子繁殖。花果期9—11月。节节菜分布于秦岭以南各省区，生于水田、沼泽、湿地，是夏秋季水稻田常见的杂草。

81. 多花水苋 *Ammannia multiflora* Roxb.

【别　名】青蝴蝶、多花水苋菜

【形态特征】

幼　苗　子叶2片，叶片对生，长卵形，幼苗茎圆柱形，基部带红色。

成　株　茎直立，多分枝，无毛，高15～40厘米，四棱形。叶对生，膜质，长椭圆形，无柄，无托叶，顶端渐尖，茎下部的叶基部渐狭，中部以上的叶基部通常耳形或稍圆形。

花　序　多花或疏散的二歧聚伞花序，布满全株。花序有细柄，总花梗短，长1～2毫米；苞片和小苞片极小，钻形；萼筒钟形；花瓣4瓣，倒卵形，小而早落，长约1.6毫米、宽约2毫米；雄蕊4枚，生于萼筒中部，与花萼裂片等长或稍长，和花瓣互生；子房球形，较萼管小，2～3室；中轴胎座不和子房顶相连接，胚珠极多，隔膜薄弱；柱头膨大，花柱长0.5～1毫米，线形。

　　果　实　蒴果扁球形，直径约1.5毫米，成熟时暗红色，上半部凸出宿存萼之外。种子半椭圆形，黑棕色。

　　【识别要点】茎下部的叶基部渐狭、非耳形，中部以上的叶基部耳形；花紫色，果实暗红色，均比耳叶水苋小。

　　【习性与危害】一年生草本，种子繁殖。花果期7—9月。多花水苋分布于我国南方各省区，生于湿地或水田中，对稻田危害较重。

82. 耳叶水苋 *Ammannia arenaria* H.B.K

　　【别　名】耳基水苋菜、耳水苋、水旱莲、金桃仔、大仙桃草

　　【形态特征】

　　幼　苗　幼苗全株光滑无毛，胚轴淡红色，子叶梨形，先端圆形，有1条明显中脉，具叶柄。初生叶2片，对生，卵状椭圆形。

成　株　茎直立，4棱，无毛，多分枝，高15～40厘米。叶对生，无柄，叶片膜质，条状披针形或狭披针形，先端渐尖，基部扩大为戟状耳形，半抱茎。中脉在叶上面较平坦，在下面稍凸起，侧脉不明显。

花　序　聚伞花序腋生。花萼筒状钟形，最初基部狭，结实时近半球形，裂齿4枚，阔三角形；花瓣4瓣，淡紫色或紫红色，近圆形；雄蕊4～6枚；花柱比子房长，凸出萼裂片之上。

果　实　蒴果球形，紫红色，呈不规则周裂。种子三角形，略扁，褐色。

【识别要点】茎为四棱形；叶对生，无柄，叶基戟状耳形。

【习性与危害】一年生草本，种子繁殖。花果期5—10月。耳叶水苋分布于浙江、江苏、河南、河北、陕西、甘肃南部等地，喜生于水稻田及潮湿的地方，对水稻危害较重。

十六、鸭跖草科

83. 鸭跖草 *Commelina communis* L.

【别　名】碧竹子、翠蝴蝶、淡竹叶

【形态特征】

幼　苗 子叶1片。子叶鞘膜质包着一部分上胚轴,下胚轴发达,紫红色。初生叶1片,互生卵形,叶鞘闭合;后生叶1片,呈卵状披针形,叶基阔楔形。

成　株 茎多分枝,基部匍匐,节处生根,上部上升,长30~50厘米,下部无毛,上部被短毛。叶披针形至卵状披针形,长3~9厘米、宽1.5~2厘米。总苞片佛焰苞状,有长柄,折叠状,展开后为心形,顶端短急尖,基部心形,边缘常有硬毛。

花　序 花瓣3瓣,2瓣较大、深蓝色,1瓣较小、色较淡;雄蕊6枚,3枚能育而长,3枚退化,先端成蝴蝶状。

　　果　实　蒴果椭圆形，长5～7毫米，2室，2开裂，有种子4颗。种子长2～3毫米，深褐色，种子表面凹凸不平。

　　【识别要点】雌雄同株，叶子像竹叶，茎有节。花瓣上面两瓣为蓝色，下面一瓣为白色，花苞呈佛焰苞状。

　　【习性与危害】一年生披散草本，种子繁殖。花果期6—10月。鸭跖草在全国各地均有分布，多生于田间、溪岸或潮湿地，是水田主要阔叶杂草之一。

84. 水竹叶 *Murdannia triquetra*（Wall.）Bruckn.

　　【别　名】竹节草、狗肚肠、肉草

　　【形态特征】

　　幼　苗　下胚轴及上胚轴均不发育。初生叶1片，互生，单叶，披针形、全缘，具平行叶脉；后生叶卵状披针形，亦有明显的平行叶脉，叶鞘膜质抱茎。全株光滑无毛。

　　成　株　株高10～30厘米，茎圆柱形，肉质，略呈红色，下部伏卧而分枝，匍匐茎节上有很多粗壮的不定根，浅褐色或黑褐色。叶互生，无柄；叶片竹叶形，长4～7厘米、宽4～8毫米，先端钝尖，基部鞘状包围茎上。

花　序　花单生，小聚伞花序，顶生或腋生。花蓝紫色，倒卵圆形，花冠不整齐，花梗细而挺直，发育雄蕊3枚，退化雄蕊1枚，顶端呈戟状。

果　实　蒴果呈矩圆状三棱形，每室种子2枚。种子长圆形，表面具沟纹，红灰色。

【识别要点】具长而横走根状茎，常密生于田边。叶片条状披针形，形似竹叶。

【习性与危害】一年生蔓性草本，以种子繁殖或匍匐枝节上生根无性繁殖。花果期9—11月（但在云南也有5月开花的）。水竹叶主要分布于长江以南地区，是稻田和田埂常见杂草，喜欢潮湿温暖气候，在潮湿肥沃的地上生长良好，会与水稻争肥、争水、争生长空间，严重地影响了水稻的正常生长，造成水稻减产。

十七、柳叶菜科

85. 丁香蓼 *Ludwigia prostrata* Roxb.

【别　名】水丁香、小石榴树、小石榴叶

【形态特征】

幼　苗　子叶2片，呈长椭圆形。上胚轴较发达。初生叶2片，椭圆形，具1条明显中脉。

成　株　茎直立或下部斜升，高30～100厘米，多分枝，有5纵棱，常为淡红紫色或淡绿色。叶互生，有柄，叶片呈披针形或呈长圆状披针形，两面近乎无毛。

花　序　花单生于叶腋，无柄。萼筒和子房合生，花瓣4瓣、呈黄色。

果　实　蒴果呈圆柱形，有4棱，多为淡紫色或淡褐色。种子近椭圆形，细小，褐色。

【识别要点】茎直立或下部斜升，有5纵棱，常红紫色；黄色花单生于叶腋。

【习性与危害】一年生草本，种子繁殖。花果期5—9月。丁香蓼分布于秦岭及以南各地，生于田埂、沼泽、水湿处，是水稻田较为常见的杂草。

十八、马齿苋科

86. 马齿苋 *Portulaca oleracea* L.

【别　名】马齿菜、马蛇子菜、马菜、长命菜、五行草

【形态特征】

　　幼　苗　子叶长圆形，肥厚，带红色，具短柄；初生叶倒卵形，2片，对生。全株光滑无毛，肉质。

成　株　茎长30～40厘米，无毛。植株平卧或斜倚，伏地铺散，多分枝，淡绿色或带暗红色。叶片扁平肥厚呈倒卵形，似马齿状，无柄，对生，全缘。

花　序　花小，无柄，两性，常见3～5朵花簇生枝端。对生扁平萼片2片，黄色倒卵形花瓣5瓣，花药黄色；子房无毛，花柱线形。

果　实　蒴果圆锥形。种子肾状卵形，黑褐色，有小疣状凸起。

【识别要点】全株无毛；茎淡绿色或带暗红色；叶片扁平肥厚呈倒卵形，似马齿状。

【习性与危害】一年生肉质草本，种子繁殖。花果期5—9月。马齿苋分布于全国各地，生于菜园、农田、路旁，为田间常见杂草。

十九、车前科

87. **车前** *Plantago asiatica* L.

【别　名】车前草、车轮草

【形态特征】

幼　苗　子叶长椭圆形，前端尖，基部楔形；初生叶椭圆形，1 片，有长柄，主脉明显。

成　株　株高可达60厘米。植株平卧、斜展或直立，须根丛

生，叶片卵形或椭圆形，有5～7明显弧形脉，具长柄，长柄几与叶片等长或长于叶片，基部扩大。

花　序　穗状花序细圆柱状，直立或弓曲上升。花葶数条，直立，高20～40厘米，具棱角，有疏毛；花绿白色，椭圆形或卵圆形；花冠小，膜质管状，具短梗。

果　实　蒴果椭圆形，周裂。种子长圆形，黑褐色至黑色，表面具皱纹状小凸起。

【识别要点】花葶数条20～40厘米，直立，穗状花序细圆柱状；叶片卵形或椭圆形，具长柄，有5～7条明显弧形脉。

【习性与危害】多年生草本，种子繁殖。花果期6—9月。车前分布于全国各地，以长江流域更为普遍，生于路边、沟旁、田边潮湿处，为田间常见杂草。

二十、酢浆草科

88. 酢浆草 *Oxalis corniculata* L.

【别　名】酸味草、酸梅草

【形态特征】

幼　苗　初生叶指状三出复叶1片，小叶倒心形，叶柄及叶缘均有白色长柔毛，叶子有酸味。

成　株　株高10～35厘米，被毛。植株斜升或匍匐，匍匐茎节上生根，茎细弱分枝。掌状三出复叶，互生，叶柄细长；小叶倒心形，无柄。

花　序　1至数朵组成腋生的伞形花序，总花梗与叶近等长。萼片5片，披针形，被毛；花瓣5瓣，黄色，倒卵形；雄蕊花丝白色半透明；柱头头状。

果　实　蒴果近圆柱形，5棱，被短柔毛；种子椭圆形至卵形，褐色或红棕色，有横向网纹。

【识别要点】　叶互生，掌状复叶有3小叶，倒心形；蒴果近圆柱形，5棱，被短柔毛。

　　【习性与危害】多年生草本，种子繁殖。花果期5—10月。酢浆草分布于全国各地，生于荫蔽、湿润处，为田间常见杂草。

二十一、牻牛儿苗科

89. 野老鹳草 *Geranium carolinianum* L.

【别　名】牻牛儿

【形态特征】

　　幼　苗　子叶圆肾形，具长柄，基部心形；初生叶1片，掌状
5～7裂。

　　成　株　株高20～60厘米，根细。茎直立或斜升，具棱角，
密被倒向下的短柔毛，单枝或具分枝。基生叶早枯，茎生叶互生
或最上部对生；叶片肾圆形，掌状5～7裂近基部，上部羽状深
裂，裂片楔状倒卵形或菱形，小裂片条状矩圆形，先端急尖；下

部叶具长柄，上部叶柄渐短。

　　花　序　伞形聚伞花序腋生或顶生，被倒生短毛和展开的长腺毛。每总花梗具2花；萼片长卵形或近椭圆形，先端急尖，外被短柔毛或沿脉被开展糙毛和腺毛；花瓣粉红色，倒卵形，稍长于萼，先端圆形；雄蕊稍短于萼片，雌蕊稍长于雄蕊。

　　果　实　蒴果长约2厘米，被短糙毛，顶端有长喙；成熟时开裂，5果瓣向上翻卷。

　　【识别要点】叶片掌状5～7裂；蒴果顶端有长喙。

　　【习性与危害】一年生或越年生草本，种子繁殖。花果期4—9月。野老鹳草主要分布于山东、山西、安徽、江苏、浙江、江西、湖南、湖北、四川、重庆、广东、广西、云南、福建、贵州、上海等地，适生于田园、路边、沟边及荒地，危害麦类、油菜等作物。

二十二、桑 科

葎草 *Humulus scandens*（Lour.）Merr.

【别　名】锯锯藤、拉拉藤、蛇割藤、葛勒子秧、勒草、拉拉秧、割人藤、拉狗蛋、五爪龙、葛葎蔓等

【形态特征】

幼　苗　子叶条状，先端尖，无叶柄。下胚轴发达，微带红色，上胚轴不发达。初生叶2片，对生，卵形，3深裂，叶缘具粗齿。

成　株　茎蔓生，茎、枝、叶柄均具倒钩刺。叶纸质，对生，具长柄；叶片掌状5～7深裂，稀3裂，裂片卵状三角形，具锯齿。

花　序　花单性，雌雄异株。雄花小，黄绿色，圆锥花序，花被片5片和雄蕊5枚；雌花序穗状，腋生，每个苞片有2个小苞片，花被片退化为全缘的膜质片；紧包子房；柱头2裂，伸出苞片外。

果　实　瘦果，扁球形，先端具圆柱状凸起，淡黄色，成熟时露出苞片外。

【识别要点】缠绕草本；叶肾状五角形，茎、枝、叶柄均具倒钩刺。

【习性与危害】一年生或多年生缠绕草本，种子繁殖。花果期7—11月。除新疆、青海外，葎草遍布全国其他地区，生于农田、路边及荒地，在局部地区对小麦危害较重。

二十三、苋 科

91. 反枝苋 *Amaranthus retroflexus* L.

【别　名】红根苋、野苋菜、苋菜、西风谷

【形态特征】

　　幼　苗　子叶2片，呈长椭圆形，上胚轴有毛，背面紫红色；初生叶1片，呈卵形。

成　株　茎直立，高20～100厘米，有钝棱，密生短柔毛，多为淡绿色。叶互生，有长柄，多为淡绿色，呈菱状卵形或椭圆状卵形，先端锐尖或微凹，两面及边缘有柔毛。

花　序　圆锥花序顶生及腋生，花簇有刺毛。花被片5片，呈白色，有1条淡绿色细长中脉。

果　实　胞果呈扁卵形，淡绿色，包裹在宿存花被内。种子倒卵形至圆形，略扁，表面黑色，有光泽。

【识别要点】上胚轴有毛，全株有短柔毛；圆锥花序顶生及腋生，花簇有刺毛。

【习性与危害】一年生草本，种子繁殖。花果期7—9月。反枝苋分布于浙江、安徽、四川、贵州、上海、台湾以及东北、华北、西北等地，生于田埂、道路两侧，危害玉米、大豆、蔬菜等作物，是田间常见的杂草。

92. 喜旱莲子草 *Alternanthera philoxeroides*（Mart.）Griseb.

【别　名】空心莲子草、水花生、革命草、空心苋等

【形态特征】

成　株　茎基部匍匐，上部直立，着地或着水面生根。茎圆筒形，中空，具分枝，节腋处被柔毛。叶对生，长椭圆形或倒卵状披针形，先端钝圆，有尖头；基部渐狭，全缘，具短柄；叶片两面无毛或上面有贴生毛及缘毛。

花　序　花密生，头状花序单生于叶腋处，具总花梗。苞片和小苞片具干膜质。花被片5片，近卵形，白色，光亮。

【识别要点】茎基部匍匐，上部直立，茎圆筒形，管状中空；单叶对生；头状花序，有柄。

【习性与危害】多年生宿根性草本，依靠茎芽繁殖。花期5—

10月。喜旱莲子草分布于北京、江苏、安徽、浙江、福建、江西、湖北及湖南等地，可在水田生长，也可在陆地生长，多生于池沼、沟渠、河滩湿地或浅水等地，部分水稻、棉花、蔬菜、果树等作物受害严重。

二十四、雨久花科

93. 凤眼莲 *Eichhornia crassipes*（Mart.）Solms

【别　名】水葫芦、水浮莲、凤眼蓝、水葫芦苗、布袋莲、浮水莲花

【形态特征】

成　株　茎极短，高30～50厘米，有淡绿色长匍匐枝，蔓延水面。叶基生，呈莲座状，叶片多为宽卵形或宽菱形，全缘无毛、光亮，具弧形脉；叶柄长短不一，中部膨大成囊状或纺锤形，内有气室，多呈黄绿色或绿色。

花　序　花葶直立，穗状花序具6～12朵花。花被裂片6片，呈卵形或长圆形，蓝紫色，上片较大，中部有黄斑；雄蕊6枚。

果　实　蒴果卵圆形。

【识别要点】叶基生，呈莲座状，叶柄部膨大成囊状或纺锤形；花被裂片蓝紫色，上片中部有黄斑。

【习性与危害】多年生浮水草本，匍匐枝繁殖。花果期7—11月。凤眼莲普遍分布于我国南方各地，生于肥水池塘中，喜温湿、强光环境，繁殖迅速，有时在水稻田危害。

94. 鸭舌草 *Monochoria vaginalis* (Burm.f.) Presl ex Kunth

【别　名】鸭仔草、马皮瓜

【形态特征】

幼　苗　初生叶1片，互生，披针形，有3条直出平行脉；第一后生叶与初生叶相似。

成　株　根状茎很短，须根柔软。茎直立或斜生，高20～30厘米，全株光滑无毛。基生叶具长柄，茎生叶具短柄；叶片纸质，形

状变化大，心状、长卵形或披针形，顶端渐尖，基部圆形或心形。

　花　序　总状花序，腋生，花3～7朵，花被6片，披针形或卵形，蓝紫色。花梗长3～8毫米。

　果　实　蒴果卵形，长约1厘米。种子长圆形，长约1毫米，表面具纵棱。

【识别要点】初生叶纵脉与横脉构成方格网脉；叶片纸质，顶端渐尖。

【习性与危害】一年生水生草本，种子繁殖。花果期7—10月。鸭舌草主要分布于全国的水稻种植区，多生长于湿地与浅水中，部分水稻受害较重。

二十五、浮萍科

95. 紫萍 *Spirodela polyrhiza* (L.) Schleid.

【别　名】紫背浮萍、水萍、鸭并草

【形态特征】

成　株　叶状体倒卵状圆形，扁平，叶表面深绿色，叶背紫红色，单生或2～5个簇生一起；叶背面中央生根，根纤维状，白绿色。

花　序　花单性，肉穗花序有2朵雄花和1朵雌花。

果　实　果实呈卵圆形，边缘具翅。

【识别要点】漂浮在水面上，叶背紫红色。

【习性与危害】一年生浮水小草本，无性芽和种子繁殖。紫萍在全国各地均有分布，主要发生于稻田和池塘中。

二十六、香蒲科

96. 宽叶香蒲 *Typha latifolia* L.

【别　名】象牙菜

【形态特征】

　　成　株　根状茎乳黄色，先端白色。地上茎粗壮，单株茎粗可达10厘米，高2米左右。叶扁平线形，排列成两行，叶鞘抱茎。

　　花　序　顶生圆筒状肉穗花序，雌雄花序紧密相接。上部为雄花序，狭穗状，黄色；下部为雌花序，圆柱状而肥厚，黄褐色，形似蜡烛状。花期时雄花序比雌花序粗壮，花序轴具灰白色弯曲柔毛，叶状苞片1～3片，花后脱落；雌花序花后发育。

　　果　实　小坚果披针形，褐色，果皮通常无斑点。

【识别要点】植株高1～2米，花序蜡烛状。

【习性与危害】多年生水生或沼生草本，根状茎繁殖为主。花果期5—8月。宽叶香蒲分布于浙江、河南、四川、贵州、陕西、甘肃、河北、黑龙江、吉林、辽宁、内蒙古、新疆、西藏等省份，生于湖泊、池塘、沟渠、河流的缓流浅水带，亦见于湿地、沼泽和水稻田。

二十七、紫草科

97. 附地菜 *Trigonotis peduncularis*（Trev.）Benth.

【别　名】地胡椒、黄瓜香、伏地菜、鸡肠菜

【形态特征】

　　幼　苗　新生叶和后生叶均为汤勺形，叶柄较长，叶柄和叶片均被糙伏毛。

　　成　株　茎通常自基部多分枝，匍匐、斜生或直立，丛生，被短糙伏毛。基生叶匙形，有叶柄，两面被糙伏毛铺散在地面呈莲座状；茎上部叶片圆形或椭圆形，无叶柄或短叶柄。

　　花　序　总状花序生于茎顶，细长，只在基部具苞片。花通常生于花序的一侧，有柄；花萼5裂，卵形，先端尖锐；花冠淡蓝色或粉色，5裂，裂片卵圆形，先端圆钝；花柱线形，柱头头状。

果　实　小坚果，黑色，三棱锥状四面体形。

【识别要点】基生叶匙形，有叶柄，散在地面呈莲座状；叶片搓碎后有黄瓜味。

【习性与危害】一年生或越年生草本，种子繁殖。花果期4—7月。附地菜分布于全国各地，生于低山山坡草地、林缘、灌丛或田间、荒野，为南方麦田常见杂草。

98. 柔弱斑种草 *Bothriospermum tenellum* (Homem) Fisch. et Mey.

【别　名】细茎斑种草

【形态特征】

　　幼　苗　初生叶阔卵形，两面均密披糙毛。

　　成　株　株高10～30厘米，茎细弱，丛生，直立或渐斜升，有短糙毛。叶片互生，下部叶有柄，上部叶无柄，椭圆形或卵状披针形，两面均附着糙伏毛或短硬毛。

　　花　序　花小，有短柄，腋生或近腋生。苞片椭圆形或狭卵形，被伏毛或硬毛；花萼裂片线形或披针形，着糙伏毛；花冠蓝色或淡蓝色，或近白色；喉部有5个梯形的附着物。

　　果　实　小坚果，肾形，腹面中部有环状凹陷，表面密生小疣状凸起。

【识别要点】小花腋生或近腋生。

【习性与危害】一年生草本，种子繁殖。花果期4—5月。柔弱斑种草分布于东北、华南、西南各省区和长江中下游地区及台湾，生于山坡路边、田间草丛、山坡草地及溪边阴湿处，为夏熟作物田杂草，部分小麦田受害严重。

二十八、菫菜科

99. **紫花地丁** *Viola yedoensis* Makino

【别　名】野菫菜、光瓣菫菜、光萼菫菜

【形态特征】

成　株　株高4～14厘米。无地上茎；根状茎短，垂直，淡褐色，有数条淡褐色或近白色的细根。叶片莲座状，基生，叶片下部三角状卵形或狭卵形，较小；叶片上部长圆形、披针形，较长，前端钝圆，基部楔形；托叶膜质，苍白色或淡绿色。

花　序　花中等大，单生，紫菫色或淡紫色，喉部色较淡。花梗细弱，与叶片等长或长于叶片；萼片卵形或披针形，边缘白色膜质；花瓣倒卵形，侧边花瓣较长，花瓣里面有紫色脉纹。

果　实　蒴果长圆形，种子卵球形，淡黄色。

【识别要点】成株无地上茎；花紫堇色或淡紫色，喉部色较淡；花瓣倒卵形，侧边花瓣较长，花瓣里面有紫色脉纹。

【生物学特性】多年生草本，种子自然繁殖。花果期4—9月。紫花地丁分布于东北、华北、华东、中南和陕西、甘肃等地，生于田间、荒地、山坡草丛、林缘或灌丛处，为田边常见杂草。

二十九、灯心草科

100. 笄石菖 *Juncus prismatocarpus* R. Brown

【别　名】水茅草、江南灯心草

【形态特征】

成　株　茎直立或斜上伸展,圆柱形,高20～40厘米。叶基生和茎生,基生叶少数,茎生叶2～4片;叶片呈线形,扁平,有不完全横隔。

花　序　头状花序排成顶生复聚伞花序,呈半球形或近球形。叶状苞片为线形,短于花序;花被片呈线状披针形或窄披针形,多为绿色或淡红褐色,背面有纵脉;雄蕊3枚,花药线形,呈淡黄色。

果　实　蒴果三棱状圆锥形,有短尖头,多为淡褐色或黄褐色。种子长卵形,有短尖头,蜡黄色,表面具条纹。

【识别要点】叶片线形，扁平，有不完全横隔；头状花序呈半球形或近球形。

【习性与危害】多年生草本，种子繁殖。花果期3—8月。笄石菖分布于浙江、江苏、江西、福建、安徽、湖北、湖南、广东、广西、四川、贵州、云南等地，生于田间、草地、溪边及山坡湿地，是水稻田偶见的杂草。

三十、蔷薇科

101

蛇莓 *Duchesnea indica*（Andr.）Focke

【别　名】蛇泡草、龙吐珠、野草莓、地莓

【形态特征】

　　幼　苗　子叶卵形，基部圆形，具柄；初生叶1片，卵形，叶缘具齿，有长柄，被毛。

　　成　株　根茎短，粗壮，全株有毛。茎匍匐生长，有柔毛。三出复片，倒卵形，具齿，被毛，具叶柄，托叶卵形或披针形。

　　花　序　花单生于叶腋。花梗长3～6厘米，有柔毛；萼片卵形，被毛；副萼片倒卵形，长于萼片，前端具齿；花瓣5瓣，倒卵形，黄色，前端钝圆；花托膨大，海绵质，鲜红色。

　　果　实　瘦果长圆状卵形，暗红色。

【识别要点】三出复片，叶片倒卵形，具齿；花瓣倒卵形，黄色，果实红色。

【习性与危害】多年生草本，匍匐茎或种子繁殖。花果期6—10月。蛇莓分布于全国各地，生于山坡、草地、路旁、沟边或田埂处，为田边常见杂草。

三十一、景天科

凹叶景天 *Sedum emarginatum* Migo

【别　名】豆瓣草、石板菜、九月寒、打不死、石板还阳、石马苋、马牙半支莲

【形态特征】

　　成　株　茎细弱，高10～15厘米，茎下部平铺于地面或地下、节上生有不定根，茎上部直立。叶对生，匙状倒卵形至宽卵形，先端圆且有微缺凹陷，像豆瓣，基部渐狭，有短距。

　　花　序　聚伞状花序顶生，有多花，常有3个分枝。花无梗；萼片5片，披针形，先端钝；花瓣5瓣，黄色，线状披针形；鳞片5片，长圆形，基部合生。

　　果　实　蓇葖果略叉开，腹面有浅囊状隆起；种子细小，褐色。

【识别要点】叶片顶端有缺口，像豆瓣；花黄色。

【习性与危害】多年生匍匐状肉质草本，茎扦插繁殖为主。花果期5—7月。凹叶景天分布于浙江、江苏、江西、安徽、云南、四川、湖北、湖南、甘肃、陕西等地，耐寒、喜半阴环境，生于山坡阴湿处。

三十二、藜 科

103. 藜 *Chenopodium album* L.

【别 名】落藜、胭脂菜、灰藜、灰蓼头草、灰菜、灰条菜

【形态特征】

幼 苗 幼苗子叶2片，近条形；初生叶2片，长卵形。

成 株 茎直立，粗壮，高30～120厘米，多分枝，枝条斜升或开展，具条棱及绿色或紫红色色条。叶片互生，具长柄；基部的叶片较大，多呈棱状或三角状卵形，先端急尖或微钝，边缘具不规则锯齿；茎上部叶片较狭窄，叶背均有粉粒。

花 序 花两性，花簇于枝上部排列成或大或小的穗状或圆锥状花序，黄绿色。花被裂片5片，宽卵形至椭圆形，背面具纵隆脊，有粉，先端或微凹，边缘膜质；雄蕊5枚，花药伸出花被，柱

头2裂。

　　果　实　胞果完全包于花被内或顶端稍露。种子双凸镜状，深褐色或黑色，有光泽，表面具浅沟纹。

　　【识别要点】枝条上有绿色或紫红色色条；叶片呈棱状或三角状卵形，叶背均有粉粒。

　　【习性与危害】一年生草本，种子繁殖。花果期5—10月。藜分布于我国各地，生于路旁、荒地及田间，为很难除掉的杂草。一些蔬菜地由于除草剂的长期使用，藜已成为田间的优势种，防除难度大。

附　录

一、稻田常用除草剂使用技术

通用名称	主要剂型	防除对象	适用稻田	施药时间	使用方法与注意事项
吡嘧磺隆	10%可湿性粉剂	大多数阔叶杂草及莎草，对稗草有抑制作用	秧田、直播田	播种后1～5天，稗草1.5叶期前	亩用量15～20克，加水20～30千克均匀喷雾，喷药后保持秧沟有水，秧板湿润
苄嘧·丙草胺	40%可湿性粉剂	一年生禾本科及部分阔叶杂草、莎草	秧田、直播田	催芽播种塌谷后2～4天	亩用量45～60克，加水40千克均匀喷雾。用药后必须保持秧沟有水，田面湿润。种子必须先催芽，若谷种应在秧苗立针期使用
苄嘧·哌草丹	17.2%可湿性粉剂	一年生禾本科及部分阔叶杂草、莎草	秧田	催芽播种后1～2天	亩用量200～250克，加水40千克均匀喷雾，喷药后保持秧沟有水秧板湿润

（续）

通用名称	主要剂型	防除对象	适用稻田	施药时间	使用方法与注意事项
灭草松	48%水剂	阔叶杂草、莎草	秧田、直播田、移栽田	阔叶杂草3～5叶期	亩用量130～200毫升，加水30千克细喷雾。施药前1天排干田水，药后1天灌浅水，保水3～5天
2甲·灭草松	46%可溶液剂	阔叶杂草、莎草	移栽田、直播田	杂草3～5叶期	亩用量133～167毫升，加水30千克细喷雾，避免在直播水稻4叶期前施用
噁唑酰草胺	10%乳油	一年生本科杂草及部分阔叶杂草	晚稻田	秧苗4叶期后，杂草2～3叶期	亩用量60～80毫升加水30千克细喷雾，不可在旱稻或籼稻上使用。施药前排干田水，药后1天灌浅水，并保持3～5天。对莎草无效，不能与苄嘧磺隆、吡嘧磺隆混用，避免机动弥雾
五氟·氰氟草	6%油悬浮剂	稗草、千金子、一年生阔叶草和莎草等杂草	秧田、直播田、移栽田	杂草2～4叶期	亩用量100～130毫升，加水20～30千克喷雾，施药前1天排水，施药后1～2天灌浅水，并保持5～7天
五氟磺草胺	2.5%油悬浮剂	稗草、部分阔叶草和莎草	秧田、直播田、移栽田	杂草2～3叶期	亩用量40～80毫升，施药前1天排水，施药后1～7天灌浅水，并保持5～7天

（续）

通用名称	主要剂型	防除对象	适用稻田	施药时间	使用方法与注意事项
氰氟草酯	10%乳油	千金子	秧田、直播田、移栽田	杂草2～4叶期	亩用量50～70毫升，加水20～30千克喷雾，施药前1天排水，施药后1～2天灌浅水，并保持5～7天
苄·丁	35%可湿性粉剂	稗草、千金子、阔叶草和莎草	小苗、移栽田	移栽后3～7天	亩用量100～120克，拌细土10千克，拌匀后均匀撒施，施药前灌浅水，施药后保水5～7天
苄嘧·苯噻酰	50%可湿性粉剂	稗草、千金子、阔叶草和莎草	小苗、移栽田	移栽后3～7天	亩用量40～60克，拌细土10千克，拌匀后均匀撒施，施药前灌浅水，施药后保水5～7天
苄·乙	20%可湿性粉剂	稗草、千金子、阔叶草和莎草	手插大苗、移栽田	移栽后7天左右	亩用量25～30克，拌细土或尿素10千克，拌匀后均匀撒施，施药前灌浅水，施药后保水5～7天
草甘膦	41%水剂	清理老草	—	做秧板前或大田翻耕前7～10天	亩用量150～200毫升，兑清水30～50千克细喷雾

二、小麦田常用除草剂使用技术

通用名称	主要剂型	防治对象	施药时间	使用方法与注意事项
精噁唑禾草灵（加安全剂）	69克/升水乳剂	禾本科杂草	小麦拔节期前，禾本科靶标杂草2叶至分蘖末期	每亩用药量40～50毫升，背负式喷雾器每亩施药液量25～30千克，茎叶处理。菌草等杂草所占比例高的田块和春季草龄较大时，用药量则应酌情增加
炔草酯	15%可湿性粉剂	部分禾本科杂草	大多数杂草出苗后	每亩用药量15～20克，施药液量15～30千克，茎叶处理，菌草等杂草所占比例高的田块和春季草龄较大时，适当提高药量
苯磺隆	10%可湿性粉剂	一年生阔叶杂草	小麦2叶期至拔节期施药，以阔叶杂草生长旺盛时（2～4叶期）施药为佳，但防除猪殃殃应在猪殃殃1叶期施药	每亩用药量10～15克，施药液量30～40千克，茎叶喷雾。杂草小时，低量即可取得较好防效，杂草大时可适当提高用量
氯氟吡氧乙酸	200克/升乳油	阔叶杂草	在小麦3叶至拔节期均可施药	每亩用药量50～67毫升，施药液量15～30千克，茎叶喷雾

通用名称	主要剂型	防治对象	施药时间	使用方法与注意事项
异丙隆	50%可湿性粉剂	一年生禾本科杂草及部分阔叶杂草	播后苗前，杂草2叶1心期前	小麦播种后出苗前，每亩用药量120～160克，施药液量40～50千克，土壤喷雾处理；或杂草2叶1心期前，每亩用药量120～180克，施药液量30千克，茎叶喷雾处理
噁唑草酯	5%乳油	一年生禾本科杂草	一年生本科杂草3～5叶期	每亩用药量60～80毫升，茎叶喷雾处理15～30千克，施药液量，不推荐与激素类除草剂混用
草甘膦异丙胺盐	30%水剂	清理老草	播种前5～7天	每亩用药量200～250克，施药液量30～50千克，茎叶喷雾

参 考 文 献

马奇祥, 赵永谦, 2005. 农田杂草识别与防除原色图谱. 北京: 金盾出版社.

强胜, 2001. 杂草学. 北京: 中国农业出版社.

王枝荣, 1990. 中国农田杂草原色图谱. 北京: 农业出版社.

颜玉树, 1990. 水田杂草幼苗原色图谱. 北京: 科学技术文献出版社.

郑永利, 程家安, 章强华, 2004. 浙江省蔬菜主要病虫诊治咨询系统的初步研
　　究. 浙江农业学报(4): 186-191.

周国定, 胡德具, 2007. 蔺草田杂草与病虫原色图谱. 杭州: 西泠印社出版社.

图书在版编目（CIP）数据

南方稻麦田杂草原色图谱 / 许燎原，陈少杰，王笑
主编. -- 北京：中国农业出版社，2025.4. -- ISBN
978-7-109-32473-2

Ⅰ. S451-64

中国国家版本馆CIP数据核字第2024ZW5110号

中国农业出版社出版

地址：北京市朝阳区麦子店街18号楼

邮编：100125

责任编辑：魏兆猛

版式设计：杨　婧　　责任校对：吴丽婷　　责任印制：王　宏

印刷：中农印务有限公司

版次：2025年4月第1版

印次：2025年4月北京第1次印刷

发行：新华书店北京发行所

开本：880mm×1230mm　1/32

印张：5.75

字数：139千字

定价：49.00元
